登记作物品种
发展现状及趋势

全国农业技术推广服务中心　编

中国农业科学技术出版社

图书在版编目（CIP）数据

登记作物品种发展现状及趋势／全国农业技术推广服务中心编. —北京：中国农业科学技术出版社，2020.8

ISBN 978-7-5116-4950-8

Ⅰ.①登… Ⅱ.①全… Ⅲ.①作物–品种–产业发展–研究–中国 Ⅳ.①S329.2

中国版本图书馆 CIP 数据核字（2020）第 154814 号

责任编辑	史咏竹	
责任校对	贾海霞	

出 版 者	中国农业科学技术出版社	
	北京市中关村南大街 12 号　邮编：100081	
电　　话	（010）82105169（编辑室）　　（010）82109702（发行部）	
	（010）82109709（读者服务部）	
传　　真	（010）82106626	
网　　址	http://www.castp.cn	
经 销 者	各地新华书店	
印 刷 者	北京建宏印刷有限公司	
开　　本	710mm×1 000mm　1/16	
印　　张	9	
字　　数	134 千字	
版　　次	2020 年 8 月第 1 版　2020 年 8 月第 1 次印刷	
定　　价	39.00 元	

《登记作物品种发展现状及趋势》
编　委　会

主　　编： 刘　信

副 主 编： 孙海艳　　王玉玺　　陈应志　　史梦雅　　李荣德

编写人员： 徐建飞　　马代夫　　程汝宏　　邹剑秋　　郭刚刚

程须珍　　郭瑞星　　董文召　　张建平　　牛庆杰

邓祖湖　　张惠忠　　张凤兰　　张扬勇　　张文珠

杜永臣　　邹学校　　王述彬　　范永红　　许　勇

夏　阳　　张彩霞　　伊华林　　易干军　　施泽彬

姜建福　　姜　全　　杨亚军　　曾　霞

前　言

　　品种创新是现代种业发展的核心竞争力，更是农业现代化的重要动力。为反映近几年29种登记作物品种发展现状，明确今后育种主攻方向，加快绿色优质特色品种推广，发挥品种在推进乡村振兴中"优良基因"作用，提升民族种业市场竞争力，我们组织编写了《登记作物品种发展现状及趋势》。本书内容包括作物生产情况、种子市场规模、品种推广应用、品种选育主攻方向四部分，供种业管理部门作为了解发展情况、研判发展趋势、谋划发展战略等的参考。

　　本书的编写，得到了有关专家的大力支持，在此表示衷心感谢！

编　者

2020 年 7 月

目　　录

蔬　菜

果　树

茶　树

热带作物

概　述

　　《非主要农作物品种登记办法》自 2017 年 5 月 1 日开始执行，首批纳入的非主要农作物种子登记范围的共 29 种，涉及粮食作物、油料作物、糖料作物、蔬菜、果树、茶树和热带作物七大类。根据全国农业技术推广服务中心 2017—2019 年调研（本书数据均以此期间调研结果为准），各类登记作物常年种植面积从 300 万亩（1 亩 ≈ 667 平方米，全书同）到 11 000 万亩，总种植面积 7.29 亿亩，是种植业结构调整和产业扶贫的重要作物，对于满足市场多样化需求、保障农产品有效供给具有重要作用。

　　登记作物种业市场总规模 491 亿元。其中，辣椒最大，为 81 亿元；茎瘤芥最小，为 0.11 亿元。粮油和蔬菜种子企业中，经营辣椒种子的企业数量最多，为 504 家，经营胡麻、甜菜和茎瘤芥种子的企业数量最少，均为 10 多家；前十位的企业，按销售额衡量市场集中度，多数在 40% 以上。

　　多数作物品种选育发展较快，品种数量较多，品种更新换代快，也有部分作物品种从国外引入，丰富了国内品种类型，但有的对外依存度较大。谷子、油菜、花生、胡麻、茎瘤芥、茶树等作物生产推广的国产品种市场占有率为 100%；甜菜从国外输入品种较多，对国外品种的依赖较大，国外品种市场占有率大于 95%；甘蔗和番茄，有超过 30% 的品种来自国外；苹果、柑橘、香蕉、葡萄等果树及橡胶树，现有栽培品种有较大比例的国外血缘。

　　随着极端气候和病虫害的频发及消费需求多样化和加工产业的快速发展，以及农业绿色发展要求，培育抗病耐逆、优质特色和加工专用等绿色品种，是各作物品种选育的主攻方向。

登记作物种业基本情况表

作物种类	作物名称	种植面积 （万亩）	种业市场规模 （亿元）	2019 年包装经营 种子企业数量 （家）	国（境）外品种 市场占有率 （%）
合计		72 920	490.1	—	15
粮食作物	马铃薯	7 500	112.5	266	18
	甘薯	6 000	10.8	300	3
	谷子	1 200	1.1	60	0
	高粱	1 100	4.4	50	<5
	大麦（青稞）	1 500	4.0	22	<1
	蚕豆	1 200	5.7	42	5
	豌豆	1 200	6.2	77	<5
	小计	19 700	144.7	—	9
油料作物	油菜	11 000	25.4	246	0
	花生	6 900	61.0	152	0
	亚麻（胡麻）	500	0.9	16	0
	向日葵	18 00	8.8	167	8
	小计	20 200	96.0	—	1
糖料作物	甘蔗	1 900	3.0	19	30
	甜菜	400	3.2	13	>95
	小计	2 300	6.2	—	41
蔬菜	大白菜	2 700	7.0	400	7
	结球甘蓝	1 400	10.5	182	16
	黄瓜	1 000	5.6	371	1
	番茄	1 600	30.0	359	35
	辣椒	3 200	81.0	504	5
	茎瘤芥	320	0.1	10	0
	西瓜	2 300	23.0	340	5
	甜瓜	750	16.0	262	1
	小计	13 270	173.2	—	10
果树	苹果	3 000	35.0	100	75 国外血缘
	柑橘	4 000	10.0	200	50 国外血缘
	香蕉	550	2.5	—	53
	梨	1 400	1.5	100	<10
	葡萄	1 100	1.5	2 000	83
	桃	1 200	9.0	230	10
	小计	11 250	59.5	—	51
茶树	茶树	4 500	10.0	—	0
热带作物	橡胶树	1 700	1.5	—	60

粮食作物

马 铃 薯

一、生产基本情况

马铃薯是世界第三大粮食作物，是我国第五大粮食作物。近年我国马铃薯面积稳定在 7 500 万亩左右，是种植业结构调整和产业扶贫的主要作物，也是重要的蔬菜和加工原料作物，主要供应国内市场需求。消费以鲜食为主，占 60%，饲料消费占 15%，加工比例 15%，种用比例一直稳定在 10%。种植分布在全国各地，主要在北方一作区、中原二作区、南方冬作区和西南单双季混作区四大区域，80% 以上分布于北方一作区和西南混作区。

二、种子市场规模

马铃薯种薯基本由国内企业经营，国外企业自产种薯供应自己的产品链，可以说国内企业市场占有率 100%。国内种薯市场，受产品行情影响，种薯销售量和销售价格年度间会出现波动。按常年种植面积 7 500 万亩、亩用种量 150 千克、需种总量 112.5 亿千克、商品化率 50%、种薯价格 2 元/千克估算，商品种薯市场规模 112.5 亿元（未估计一级种之前的原原种、原种的种业市场规模）。

根据全国农业技术推广服务中心（以下简称全国农技中心）行业基础信息统计，2019 年制繁种、包装经营、代理销售马铃薯种薯企业有 337 家，其中包装经营企业 266 家。企业自有包装种子销售额 29.78 亿元，前 10 名企业销售额 11.26 亿元，占市场总销售额的 37.81%。

三、品种推广应用

（一）主导品种

我国马铃薯品种选育发展较快，也有部分品种从国外引入，弥补了国内发展短板。根据全国农技中心不完全统计，推广面积 100 万亩以上的品种有费乌瑞它（国外品种早熟鲜食）、克新 1 号、青薯 9 号、米拉（国外品种抗病鲜食）、冀张薯 8 号、鄂马铃薯 5 号、陇薯 3 号、会-2、合作 88、威芋 3 号、庄薯 3 号、陇薯 7 号、早大白、大西洋（国外品种炸片专用）、冀张薯 12、威芋 5 号、宣薯 2 号。其中，国产 14 个品种均属于晚熟鲜食品种。

通过近 5 年种植面积前 10 名品种分析，结果表明，传统鲜食品种克新 1 号，种植面积逐渐下降，早熟优质品种费乌瑞它和晚熟鲜食品种青薯 9 号种植面积逐渐上升。在前 10 名品种中，晚疫病抗性较好的品种占的比重较大如青薯 9 号、米拉、鄂马铃薯 5 号、会-2、合作 88 和威芋 3 号等，抗旱高产品种"陇薯 3 号"种植面积比较稳定。

（二）国外品种

我国马铃薯育种开始于品种引进，在 20 世纪 50—60 年代生产上应用的都是引进品种，从 60 年代开始育成具有自主知识产权的国内品种。70 年代后大面积推广了国内育成品种。

国外品种以费乌瑞它、米拉、大西洋、夏坡蒂、马尔科等为主，国外引进种的种植面积占我国总种植面积 18% 左右。早熟品种，国外引进的费乌瑞它占早熟品种栽培面积的 50% 以上；晚熟品种，国外引进鲜食品种米拉、马尔科等占晚熟鲜食品种总种植面积 5% 左右；炸片和炸条专用品种，国外引进大西洋、夏坡蒂、布尔班克等占炸片和炸条专用品种种植面积 90% 以上。

近年来，国外引进品种费乌瑞它由于其抗病耐逆性较差，种植面积逐渐下降；虽然晚疫病抗性较强，但由于综合性状较差，晚熟鲜食品种米拉、马尔科等面积呈逐步下降的趋势；由于国内炸片和炸条专用品种缺乏，国外引进品种大西洋和夏波蒂种植面积比较稳定。总体上，由于国内育成品种整体抗病耐逆性和综合品质的提升，国外引进品种种植面积呈缓慢下降的趋势。

（三）品种风险与不足

1. 抗病耐逆性差

晚疫病、病毒病、疮痂病、黑胫病是影响马铃薯生产的主要病害，其中晚疫病危害依然最大，生产上应用的抗性品种依然以传统的米拉、合作88、鄂马铃薯5号为主，新育成的品种整体上晚疫病抗性较弱。生产上还未发现对疮痂病和黑胫病明显抗性的品种。当下干旱和霜冻频发，传统栽培品种克新1号和陇薯3号抗旱性较强，中薯18号和中薯19号耐寒性较强，而其他主栽品种整体上抗旱耐寒性较弱。

2. 早熟品种缺乏

目前生产上应用面积最大的早熟品种依然是费乌瑞它，国内品种仅有中薯3号和中薯5号面积较大。由于早熟育种资源缺乏和育种进程中易感染病毒退化等限制因素，早熟品种选育进展缓慢。

3. 加工专用品种少

目前生产上应用的加工品种以国外引进种大西洋和夏坡蒂为主，大西洋为炸片专用品种，夏波蒂为炸条专用品种，但抗病耐逆性差，水肥需求高，不利于马铃薯产业环境友好可持续发展。淀粉加工品种较为缺乏，多以鲜食品种作为原料，淀粉出产率低。国内自主选育的加工专用品种较少且推广面积较小。

4. 适合绿色生产的品种少

随着绿色农业比重的提升，急需抗病耐逆性强、水肥利用效率高的资源节约型品种。当前主栽品种总体上抗病耐逆能力差，晚疫病、干旱和霜冻造成的生产损失和投入成本逐年增加，急需选育推广减少资源消耗和化肥农药使用以及适合绿色栽培技术的绿色品种。

四、品种主攻（发展）方向

随着农业绿色发展战略的实施及消费需求多样化和加工产业的快速发展，培育抗病耐逆、优质特色和加工专用等绿色品种需求迫切。

（一）抗病耐逆和水肥高效利用

晚疫病依然是马铃薯第一大病害，疮痂病、粉痂病和黑痣病等土传病害为害范围和造成的损失程度越来越大，迫切需要培育具有持久晚疫病抗性和土传病害抗性的新品种。我国西北和东北临近边境地区已经出现了马铃薯甲虫的报道，尽快进行虫情摸底调查并制订相关防控方案。茎线虫、帚顶病毒病等有日益严重的趋势，迫切需要开展甲虫、线虫和帚顶病毒抗性资源筛选等预研工作。部分主栽品种尤其是国外引进品种抗旱耐寒性差、水肥利用效率低，迫切需要培育抗旱耐寒、水肥高效利用品种。

（二）优质特色

适应特色产业发展和满足人们多样化需求，应培育早熟优质品种，生育期短、外观品质好、商品薯率高等，适合城市鲜食消费；特色营养品种，高花青素、高维生素 C 和高矿质元素等，适合特定营养消费；小薯型珍珠薯，单株结薯多、整齐度好等，适合全薯食用或加工；观赏性品种，花色鲜艳、繁茂，花期长，适合特色农业展示。

（三）加工专用

适应加工产业和休闲食品需求，培育全粉加工品种，高干物质、食味好、高产等；培育淀粉加工品种，高干物质、高产、耐贮等；薯片薯条加工品种，低还原糖、高干物质，圆薯形或长薯形等；半成品加工品种，抗褐变、鲜切品质好等；蒸烤专用品种，食味佳、薯香浓、芽眼浅等。

甘　薯

一、生产基本情况

我国甘薯种植面积约占世界甘薯种植面积的 1/3，是世界上第七大粮食作物，在我国列为水稻、小麦、玉米和马铃薯之后的重要粮食作物。近年我国甘薯面积稳定在 6 000 万亩左右（由于受政府补贴政策的影响，统计数据明显低于实际种植面积），甘薯是产业调整、供给侧结构性改革和产业扶贫的优势作物，目前已由粮食作物转变为重要的经济作物，主要用来鲜食和加工。产品主要供应国内市场消费，消费仍以加工为主，淀粉和食品加工用占 50% 左右，鲜食占 30%，种用比例在 10% 左右，贮运损耗占 10% 左右。种植分布在全国各地，北方春夏薯区占 30%，西南夏薯区占 25%，长江中下游夏薯区占 25%，南方薯区（南方夏秋和秋冬薯区）占 20%。

二、种子市场规模

经营甘薯种薯种苗企业 300 家左右，规模性企业较少，有 1/4 的企业是自繁自育自用。国内种薯种苗市场价格较为稳定，受疫情影响，2020 年价格略有小幅下降，种薯销售量和销售价格年度间会出现波动。按常年种植面积 6 000 万亩、春夏薯平均亩用种量 20 千克、需种总量 12 亿千克、商品化率 30%、种薯价格 3.0 元/千克估算，商品种薯市场规模 10.8 亿元。

根据产业技术体系 2019 年调查，规模较大的 50 家国内种薯种苗经营企业现代农业，2019 年种薯生产总量为 10.64 万吨，其中脱毒种薯 7.65 万吨。种薯销售量约占生产量的 60%，销售额 1.96 亿元；种苗 62.9 亿株，销售额 6.3 亿元。

三、品种推广应用

（一）主导品种

根据现代农业产业技术体系和全国农技中心调查，2019 年优质食用品种比例显著增加，龙薯 9 号仍占有市场份额较大，烟薯 25、广薯 87、济薯 26、普薯 32 种植面积扩大较快；淀粉用品种商薯 19 面积最大，徐薯 22 仍在多省份种植，济薯 25、渝薯 17、鄂薯 6 号、冀薯 98、川薯 219 等种植面积扩大较快；秦薯 5 号、湘薯 19 号、龙薯 28 号等在部分省份种植面积较大；徐紫薯 8 号等紫肉品种扩展较快。

（二）国外品种

国外引进品种多作为亲本利用，近年来日本红瑶、高系 14、红东等少量优质食用品种在国内点片种植，总量不足 3%，对甘薯产业的发展基本没有影响。

（三）品种风险与不足

品种最大风险是抗病性较差，推广种植面积较大的优质食用品种烟薯 25、普薯 32 均不抗病。2019 年新发生病害在部分薯区发生严重，浙江、福建东南沿海地区发生由病原菌 *Plenodomus destruens* 引起的真菌性茎基部枯萎病，发病 2 年以上田块基本绝产，并逐渐向内陆地区扩散。目前生产上抗病品种缺乏、无有效药剂。

种薯种苗市场上南苗北调，引起的蚁象在北方薯区、长江中下游薯区多地发生，给产业带来很大风险。据了解，甘薯蚁象仅在河北、江苏、山东列为补充检疫对象，应积极争取列入全国检疫对象，为南苗北调制定法律依据。

此外，农业绿色高质量发展急需抗病耐逆性强、水肥利用效率高的资源节约型品种。

四、品种主攻（发展）方向

注重以营养健康为导向的甘薯育种改良创新，加快优质高产多抗专用新品种的选育和推广速度。北方甘薯优势区重点选育和推广高产、抗根腐病、抗茎线虫病、抗黑斑病的淀粉用和鲜食用品种；西南甘薯优势区重点选育和推广高产、抗根腐病、抗茎线虫病、抗黑斑病的加工用和鲜食用品种；长江中下游甘薯优势区重点选育和推广高产、抗根腐病、抗茎线虫病、抗蔓割病的食品加工用和鲜食用品种；南方甘薯优势区重点选育和推广高产、抗蔓割病、抗薯瘟病、抗疮痂病、抗蚁象的鲜食用和食品加工用品种。

谷　子

一、生产基本情况

　　谷子起源于我国，是世界栽培最古老的作物之一，已有 8 700 多年的历史。中国是世界上最大的谷子生产国，面积占 80%，产量占 90%。1938 年，全国谷子面积 1.5 亿亩，占粮食作物种植面积的 17%，1952 年仍达 1.48 亿亩，仅次于水稻、小麦、玉米，居第四位。近年来谷子面积稳定在 1 200 万亩左右（行业专家认为 2 000 万亩左右），是我国第六大粮食作物。谷子主要种植在干旱贫瘠贫困地区，是种植业结构调整和产业扶贫的主要作物，也是营养丰富平衡具有保健作用的粮食作物。产品主要供应国内市场消费，并出口到 25 个国家，消费以原粮为主，占 85%，食品加工占 10%，饲料消费占 5%。种植分布在全国 23 个省区，主要分布在北方 12 个省区，一季作区占 80%，二季作区占 20%，60% 以上分布于华北地区的内蒙古①、山西、河北三个省区。

二、种子市场规模

　　我国的谷种产业 100% 为国内品种，并且全部由国内企业经营。谷子是小粒自花授粉作物，平均繁殖系数高达 600 倍，目前常规品种占 90%，杂交种占 10%。谷种销售量主要受产品行情影响，销售量年度间波动可达 30%。按常年种植面积 1 200 万亩、亩用种量 0.4 千克、需种总量 480

---

　　① 内蒙古自治区，全书简称内蒙古。

万千克、商品化率 50%、种子价格 45 元/千克估算，商品种子市场规模 1.08 亿元。

根据现代农业产业技术体系调查，2019 年国内有自主包装权的谷种企业有 60 家左右，2019 年年初市场行情较好，谷种销售量较 2018 年增长 20% 左右，达 300 万千克左右，销售额约 1.35 亿元，加上配套除草剂，销售额在 2.0 亿元左右。销售量较大的企业依次为河北巡天农业科技有限公司、河北省东昌种业有限公司、内蒙古蒙龙种业科技有限公司、内蒙古敖汉旗九亿农业有限公司、内蒙古禾为贵农业发展（集团）有限公司。

三、品种推广应用

（一）主导品种

我国谷子品种选育发展较快，截至 2019 年年底，有 372 个谷子品种完成登记。根据主产省不完全统计，2019 年推广面积 100 万亩以上的品种为晋谷 21 号，50 万亩以上的有大金苗、张杂谷 3 号、冀谷 39、山西红谷，20 万亩以上的有冀谷 38、冀谷 42、8311、豫谷 18、长生 07、张杂谷 13、冀谷 41。上述 12 个品种中，除张杂谷 3 号和冀谷 41 外，其余 10 个均为一级优质品种，6 个为抗除草剂品种。

从近些年主导品种变化看，优质和抗除草剂品种面积逐渐上升，特别是河北省和吉林省，抗除草剂品种面积占 70% 以上。晋谷 21 号、大金苗、山西红谷这 3 个常规品种虽然不抗除草剂、秆高不抗倒伏，难以适应规模化机械化生产，但因其品质突出、市场收购价格高，占据主导地位长达 20 年以上。目前，新选育品种金苗 K1、冀谷 45、长农 47 号，品质与传统主栽优质品种黄金苗、晋谷 21 相当，而且抗除草剂、产量和抗性优于黄金苗、晋谷 21，可望扭转老品种、农家品种当家的局面。

（二）品种风险与不足

1. 抗病抗逆性差

谷瘟病是影响谷子生产的最主要病害，其次是白发病、黑穗病，生产上应用的主栽品种没有对谷瘟病达到"抗"级别的品种；在抗逆性方面，主要是倒伏，种植面积居前 2 位的晋谷 21 号和大金苗抗倒伏性均较差。

2. 早熟品种缺乏

目前生产上应用面积较大的早熟品种是大金苗、张杂谷 3 号、山西红谷和张杂谷 13，这些早熟品种基本上只适应活动积温 2 600℃以上的区域，适合活动积温 2 500℃以下的品种选育进展缓慢，主要原因是该区域缺少谷子育种单位。

3. 适合绿色生产的品种少

随着绿色农业比重的提升，急需抗病耐逆性强、水肥利用效率高的资源节约型品种。当前主栽品种总体上抗病耐逆能力差，谷瘟病、白发病、干旱和霜冻造成的生产损失时有发生，2019 年由于早霜较常年早 15 天，内蒙古、吉林出现大面积谷子不能完全成熟的现象。因此，生产上急需抗病抗逆性强适合绿色栽培的品种。

四、品种主攻（发展）方向

随着土地流转和种植结构调整的深入，谷子生产逐步由一家一户分散经营向规模化、机械化方向转变，急需适宜轻简化生产的优质品种支撑谷子生产从传统生产方式向现代化生产方式转变。同时，急需支撑高寒区种植结构调整的抗除草剂早熟品种、支持产业链延伸的加工专用品种。

（一）优质抗除草剂

随着人们更加注重营养平衡，谷子以小米原粮消费的比例有所提升，对谷子品种的商品品质、食味品质和蒸煮品质的要求越来越高。同时，解决人工除草、间苗难题，适宜机械化生产，是农业生产供给侧对谷子品种的基本要求。尽管目前已有抗除草剂品种，但主要是抗拿捕净品种，而拿捕净对双子叶杂草完全无效，因此，今后应选育抗多种除草剂的品种。

（二）早熟抗除草剂

目前，内蒙古兴安盟、山西大同和忻州、宁夏①、甘肃、黑龙江、河北坝上及黑龙港二作制地下水限采区、新疆②南疆夏播区等，是谷子发展的巨大潜力区，但缺乏早熟抗除草剂的品种。当前，早熟抗除草剂品种只有张杂谷 3 号、冀杂金苗 1 号、峰红 4 号和张杂谷 6 号，而且在有效积温 2 500℃以下的区域仍难以完全成熟。因此，应加快培育熟期更早的优质抗除草剂品种来支撑这些区域的谷子产业发展。

（三）高油酸耐贮藏

谷子消费相对单一，大大限制了谷子产业的发展，并且现有谷子品种脂肪含量和亚油酸含量普遍高，导致谷子加工小米后容易酸败，保质期和货架期变短，限制了原粮消费途径。因此，选育高油酸（亚油酸/油酸比值＝0.7~1.5）、熟期、丰产性等综合性状较好的品种是破解谷子产业发展的关键。

（四）加工专用

根据特色消费需求，应重点开展低脂肪（3.0%以下）、高油酸（亚油酸/油酸比值≤2.0）、高淀粉（籽粒含淀粉65%以上）适合食品加工的专用品种，以及直链淀粉较高适合糖尿病人的功能保健专用品种。

---

① 宁夏回族自治区，全书简称宁夏。
② 新疆维吾尔自治区，全书称简新疆。

高 粱

一、生产基本情况

全球高粱年种植面积约 6 亿亩，是仅次于小麦、玉米、水稻和大麦的第五大谷类作物。近年我国高粱面积稳定在 1 100 万亩左右，是重要的酿造、粮饲和生物燃料来源，具有抗旱、耐涝、耐盐碱、耐瘠薄等多重抗性，常被种植在边际土壤上，是重要的旱地粮食作物，在我国农业生产和产业结构调整中发挥着重要作用。高粱主要供应国内市场消费，以酿造为主，约占 80%，饲料消费约占 6%，食用约占 4%，帚用约占 5%，其他约占 5%。高粱种植分布在全国各地，主要在吉林、内蒙古、辽宁、黑龙江四省区，占总面积的 55% 左右；西南贵州、四川、重庆三省市约占 20%；华北、西北的山东、山西、河北、甘肃、陕西和新疆占总面积的 15%；中原的河南省高粱种植面积增加较快，占比达 5% 左右。

二、种子市场规模

高粱种子以国产为主，但有部分种子从国外进口，2018 年进口种用高粱 45 吨。受种子产量和种植面积影响，高粱种子销售量和销售价格年度间会出现波动。按常年种植面积 1 100 万亩、亩用种量 1 千克、需种总量 0.11 亿千克、种子商品化率 90%、种子价格 40 元/千克估算，高粱种子市场规模约 4 亿元。

根据全国农技中心行业基础信息统计，2019 年制繁种、包装经营、代理销售高粱种子企业有 81 家，其中包装经营企业 50 家。企业自有包装种子销售额 0.66 亿元，前 10 名企业销售额 0.47 亿元，占市场总销售额的 71.21%。

三、品种推广应用

(一) 主导品种

在高粱产业需求带动下，我国高粱育种发展很快，正在向专用化、机械化方向发展。根据产业调研，生产上主导的粒用品种有：特早熟品种龙杂 17 号、龙杂 18 号、龙杂 19 号、龙 609、绥杂 7 号；早熟品种凤杂 4 号、吉杂 210、吉杂 127、冀杂 5 号、赤杂 16 号、通杂 108、四杂 25、白杂 8 号；晚熟品种辽杂 19、辽粘 3 号、锦杂 101、沈杂 5 号、辽杂 10 号、晋杂 22 号、晋杂 12 号、晋杂 34 号、晋糯 3 号、红茅粱 6 号、兴湘粱 2 号、冀酿 2 号、青壳洋、红缨子、红珍珠、泸州红 1 号、川糯粱 1 号、泸糯 8 号、泸糯 12 号；帚用品种敖包黄苗、赤笤 4 号、龙帚 2 号；甜高粱品种辽甜 1 号和辽甜 3 号，草高粱品种晋牧 1 号和海牛（国外品种）等。

调查结果显示，推广面积大的品种均为酿造型品种，特别是酒业订单生产的专用品种种植面积较大，如红缨子、红珍珠、青壳洋等。主产区农民更加欢迎生育期略短、适宜机械化管理和收获的品种。

(二) 国外品种

目前我国种植的国外高粱品种较少，只有小面积种植，主要集中在青饲和青贮用品种方面。国外一些种子公司在中国设有办事处，进行种子试验和推广工作。据不完全统计，我国有 14 家企业、从美国、阿根廷、澳大利亚等 8 个国家进口高粱种子，用于试验、大田生产、转让或销售等。

针对中国酿酒高粱市场需求，澳大利亚正在进行酒用高粱品种选育，美国也在进行高单宁高粱育种，未来可能会影响到我国高粱种业安全发展。

（三）品种风险与不足

1. 常规品种抗性和丰产性差

四川省和贵州省生产上应用常规品种较多，虽然籽粒品质符合酿酒要求，但植株过高，抗倒能力弱，抗丝黑穗病、抗叶病差，产量低。

2. 抗除草剂、玉米螟能力弱

大部分推广的高粱品种均对除草剂敏感，因除草剂药害造成的损失年年发生。另外，大部分高粱品种不抗不耐玉米螟和棉铃虫，造成损失较严重。

3. 新品种新技术更新慢

四川、贵州、重庆等西南地区杂交高粱品种推广缓慢，常规高粱品种占大多数，生产上品种多而杂。高粱生产以育苗移栽为主，多为人工种植和收获，投入大，生产效率低。

4. 适宜机械化作业品种不足

目前推广的品种在株型、丰产性等方面均有待提高。此外，品种成熟后期脱水偏慢，机械收获损失率高。

四、品种主攻（发展）方向

以适宜机械化为核心，围绕优质专用、轻简高效和减肥节水，以充分利用干旱、瘠薄、盐碱地，提高农业资源利用率，满足酿酒、饲料、食用等产业对优质加工原料需求为目标，选育适宜机械化作业的优质、多抗、专用新品种。

（一）适宜机械化生产

机械化、规模化是高粱生产的方向和必由之路，而目前推广的高粱品种大多不适应机械化栽培，生产成本高，劳动强度大，生产效率低，因此，应加强植株矮、株型好、耐密抗倒、后期脱水快、产量高的适宜机械化生产品种的选育和推广。

（二）提高抗除草剂能力

高粱对除草剂敏感，目前使用的高粱除草剂安全性不够，急需加强抗除草剂新品种的选育，从而提高高粱除草安全性，为高粱生产轻简化提供品种支撑。

（三）优质专用

以满足产业优质加工原料需求为目标，对淀粉含量、淀粉结构、单宁含量、适口性、饲用价值等指标进一步优化提高，育成酿造用、食用、饲料、青饲贮、帚用等专用高粱品种。

（四）名酒专用

针对贵州、四川等省名酒对原料高粱的需求，加快符合现代生产方式的专用新品种选育和推广，促进当前常规品种更新换代，提高生产效率和经济效益。

大麦（青稞）

一、生产基本情况

大麦（青稞）是世界上第四大禾本科作物，是我国青藏高原的第一大口粮作物。近年我国大麦（青稞）面积稳定在 1 500 万~1 800 万亩，是啤酒酿造和优质饲料的主要原料，是青藏高原高海拔地区藏族同胞的主粮。产品主要供应国内市场，饲用消费占 40%~45%，粮用消费占 30%~35%，啤酒加工比例 20%~25%，种用比例稳定在 10%。种植区域主要分布在东北春麦区、西北春麦区、西南冬麦期、长江中下游冬麦区及青藏高原裸麦区五大区域，70% 以上分布于云南和青藏高原区。

二、种子市场规模

大麦（青稞）种子基本由国内科研推广部门供应。目前仅是国外企业与国内育种团队开展联合鉴定育种，很少国外育成品种在国内推广，国内自育品种市场占有率基本为 100%。国内种子市场，受产品行情影响，种子销售量和销售价格年度间会出现波动。按常年种植面积 1 500 万亩、亩用种量 15 千克、需种总量 2.25 亿千克、商品化率近 30%、种子价格 6 元/千克估算，商品种子市场规模约 4 亿元。

国内兼业开展大麦（青稞）种子生产、销售的企业，基本不进行育种研发。根据全国农技中心行业基础信息统计，2019 年制繁种、包装经营、代理销售大麦（青稞）企业有 34 家，其中包装经营企业 22 家。企业自有包装种子销售额 2 552 万元，前 10 名企业销售额 2 197 万元，占市场总销售额的 86.09%。

三、品种推广应用

我国大麦（青稞）在各个时期都选育出不少优良品种，20 世纪 50—60 年代育成的品种以引进和农家品种系统选育为主，70 年代起杂交育成品种开始占主导地位，开始育成具有自主知识产权的国内品种，80 年代辐射育种也取得了较好成效。自 20 世纪 80 年代改革开放以后，杂交育成品种的数量迅速增加，尤其是进入 21 世纪以来，杂交育成品种的数量和质量均大幅提高，在生产上发挥了重要作用。

（一）主导品种

我国大麦（青稞）品种选育迅速发展，当前生产中所用品种均为国产品种。根据全国农技中心不完全统计，累计推广面积 500 万亩以上的品种均为啤酒大麦品种，有甘啤 3 号、甘啤 4 号、甘啤 6 号、苏啤 3 号、苏啤 4 号、垦啤麦 7 号、单二、垦啤麦 2 号、垦啤麦 3 号、云啤 2 号；累计推广面积 100 万亩以上的品种，有云饲麦 3 号、扬饲麦 3 号、驻大麦 7 号（饲用大麦品种）、藏青 320、藏青 25、藏青 2000、喜玛拉 22、昆仑 12 号（食用青稞品种）。

通过对 2013—2017 年种植面积为前 10 名的品种分析，结果表明，由于受啤用大麦原料冲击，甘啤 6 号、苏啤 8 号、扬农啤 7 号、云啤 2 号、垦啤麦 14 号等啤用品种种植面积逐渐下降。随着饲用大麦产业发展，抗旱高产品种云饲麦 3 号、扬饲麦 3 号等饲用大麦品种面积稳定增长。随着食用青稞品种更新换代，高产广适型品种藏青 2000、喜玛拉 22、昆仑 15 号、康青 7 号等种植面积逐渐上升。

（二）国外品种

20 世纪 80 年代，我国啤酒大麦育种刚刚起步，与国外尚存在很大差距。为满足麦芽和啤酒工业发展及啤酒大麦生产基地建设需要，从匈牙利、日本、美国、墨西哥、加拿大、澳大利亚等国先后引种试种和直接应用莫特 44、早熟 3 号、V24、Favorit、Conquest、Morex、Bonaza、Metcalfe、Harrington 等一批啤用大麦品种，引进品种的种植面积一度占到我国种植面积的 50% 以上。其中引进的早熟 3 号、Favorit 在南方和北方麦区累积栽培面积均达到 1 000 万亩以上；V24、莫特 44 在西南和中部麦区累积栽培面积也各达到 500 万亩以上。

进入 21 世纪以来，由于国外引进品种产量水平较低且逐渐退化，以及国内自育品种适应性更佳，除个别生产企业采用引进的品种自留种种植以外，目前生产上绝大多数为自主选育品种。

（三）品种风险与不足

1. 区域适应性好的抗病绿色品种培育有待加强

目前，生产上条纹、云纹、根腐等病害发生较严重，北方区新育成品种抗旱性较强，但抗病性较弱、耐湿性较差；青藏高原区白粉病和条纹病发病率呈攀升趋势；西南和长江中下游冬麦区白粉病有所减轻，但赤霉病、黄矮病等病害呈加重趋势，新登记品种在抗赤霉病方面表现为中抗，部分高产品种表现为高感，但抗性育种尚未得到足够重视。

2. 加工专用品种少

目前我国高品质食用和保健型大麦（青稞）需求迫切，但由于分级指标有待完善，企业所用品种仍以推广的高产型常规品种为主，品质性状差别较大，加工专用品种较少且推广面积较小，不利于大麦（青稞）产业提质增效。

四、品种主攻（发展）方向

随着消费需求多样化和加工产业的快速发展，以及大麦（青稞）产业绿色发展需要，培育区域适应、特色多元、抗病绿色等新品种的需求迫切。

（一）区域适应

为提高国产优质啤用和饲用大麦原料需求，保障青藏高原口粮供给和乡村振兴需要，重点培育区域适应性好的大麦（青稞）品种。西北、东北、江苏等啤麦传统优势产区，根据啤酒工业发展趋势，重点培育优质高效型啤用大麦新品种；西南和中部饲料大麦产区，根据区域冬季填闲增效和生态保护需求，重点培育生长快、耐放牧、耐刈割、高效价、青饲专用型饲料大麦新品种；青藏高原青稞产区，根据食用、加工用和秸秆饲用的生产需求，重点培育绿色粮草双高兼用型青稞新品种。

（二）特色多元

多元化的消费市场需求也对大麦（青稞）品种提出了新的要求。在酿造加工方面，酒醋制曲专用型、精酿特用型大麦品种需求强劲；在食用保健方面，高花青素、高 β-葡聚糖、抗脂肪氧化、耐贮藏等加工专用型品种适应休闲食品和"三高"特定群体保健消费需求；在特色农业展示方面，形态特异、全生育期呈现彩色的观赏型品种适合特色农业展示和乡村旅游。

（三）抗病绿色

尽管大麦抗旱性、耐盐性均较强，但随着气候变暖和极端天气频发，部分主栽品种耐湿性差，容易导致根腐病的发生；条纹病、云纹病、白粉病、黄矮病等主要病害的为害范围和造成的损失也越来越大，迫切需要培育免疫或高抗病害的绿色新品种。

蚕　豆

一、生产基本情况

蚕豆是世界上第四大食用豆类作物，位列鹰嘴豆、豌豆和小扁豆之后，是我国主要的食用豆作物。蚕豆在农业生产中具有粮菜饲肥兼用的作用，对培肥土壤、保障菜篮子、优质蛋白饲料有效供给等具有重要意义，也是水稻、小麦和玉米等大宗作物的良好前茬，是轮作或间套作耕作体系的优良作物之一。

近些年，我国蚕豆面积稳定在 1 200 万~1 300 万亩，年产量在 180 万~200 万吨。主要分布在西南、长江流域、西北及华北地区，分为秋播区和春播区，西南及长江流域等地区为秋播区，播种面积占全国蚕豆总面积的 90%，其中，西南山地丘陵产区主要包括四川、贵州、云南和陕西的汉中地区，面积约占全国总面积的 42%，以粮菜兼用发展模式为主；长江中下游产区主要包括上海、江苏、浙江、安徽、江西、湖北、湖南等省（市），面积约占全国总面积的 37%，以鲜食蚕豆为主。西北、华北等地区为春播区，占全国总面积的 10% 左右，以干蚕豆为主。

二、种子市场规模

蚕豆种子基本由国内种子企业经营，国内品种市场占有率约 95%。按秋播区面积 1 100 万亩、亩用种量 7.5 千克、种子价格 17 元/千克、种子商品化率 35%，春播区面积 150 万亩、亩用种量 20 千克、种子价格 9.0 元/千克、种子商品化率 30% 估算，商品种子市场规模 5.72 亿元。

根据全国农技中心行业基础信息统计，2019 年制繁种、包装经营、代理销售蚕豆种子企业有 80 家，其中包装经营企业 42 家。企业自有包装种子销售额 1 947 万元，前 10 名企业销售额 1 556 万元，占市场总销售额的 79.92%。

三、品种推广应用

（一）主导品种

按照区域种植面积大小分类，西南地区蚕豆以云豆系列、成胡系列、凤豆系列为主，云豆 324、云早 6、云 147、凤豆 6 号、凤豆 7 号、凤豆 14、凤豆 15、成胡 15、成胡 18、成胡 20 等品种，年种植面积均在 20 万亩以上；华东地区以鲜食蚕豆为主，主导品种包括通鲜蚕 6 号、通鲜蚕 7 号、日本大白皮、海门大青皮、陵西一寸、启豆 2 号、慈溪大白蚕等，年种植面积在 10 万亩以上；西北地区中晚熟大粒蚕豆品种青蚕 14 号、早熟中小粒蚕豆品种青海 13 号、中熟大粒蚕豆品种临蚕 6 号、临蚕 9 号、临蚕 10 号、临蚕 16 号、早熟中粒蚕豆崇礼蚕豆、中熟中大粒蚕豆地方品种马牙蚕豆、早熟中小粒地方品种羊眼豆等，年种植面积在 10 万亩以上。

通过近 5 年种植面积前 10 名品种分析，结果表明，传统秋播区干籽粒品种启豆 1 号、启豆 2 号，因不抗赤斑病，种植面积逐渐下降；春播区青海 9 号、马牙蚕豆种植面积也逐渐下降，品种混杂退化，生产力下降；凤豆 6 号和慈溪大白蚕的种植面积较为稳定。在前 10 名品种中，干籽粒型的蚕豆品种较多，鲜食的蚕豆品种少。

（二）国外品种

我国蚕豆育种工作始于 20 世纪 50 年代，当时重点是筛选优良的地方品种。60 年代后，四川、云南、江苏、浙江、青海、甘肃等省相继开展了蚕豆新品种的选育和引种工作。70 年代后育成了一批蚕豆新品种，开始大面积推广育成品种。2000 年左右，随着种子市场开放，有的企业从国外引进品种。目前，国外引进品种以陵西一寸、日本寸蚕等为主，主要是鲜食菜用型，品种面积占菜用型栽培面积的 20% 以上，占蚕豆总面积 5% 左右。近年来，国内选育的通蚕鲜 6 号等通蚕系列品种面积不断扩大，逐步替代陵西一寸等国外鲜食蚕豆品种。

（三）品种风险与不足

1. 抗病抗逆性差

蚕豆赤斑病、锈病、褐斑病、蚕豆象是影响秋播区蚕豆生产的主要病虫害。蚕豆品种的抗性差异在不同年际间或不同区域间表现不同，影响蚕豆产量的稳定性。

2. 广适品种缺乏

蚕豆品种对环境反应比较敏感，生态适应性弱，品种的区域性比较明显。每个品种的适应区域是有限的，而且种植规模难以扩大。

3. 适于机械化生产品种少

受蚕豆生长习性和籽粒均匀性等特殊性状的限制和影响，蚕豆机械化水平低，生产效率低，成本高，影响蚕豆的规模化种植，导致部分区域蚕豆种植面积逐步下降，也会影响区域蚕豆产业持续发展。

4. 加工专用型品种少

目前蚕豆以粒用和菜用型为主，没有加工专用型的品种，加工产品原料来源复杂，不能保证产品质量。

四、品种主攻（发展）方向

随着绿色农业发展及消费需求多样化和食品加工产业的快速发展，培育抗病耐逆、适于机械化生产和加工专用等绿色品种需求迫切。

（一）适于机械化生产

培育籽粒均匀、结荚集中、成熟一致的适于机械化生产的蚕豆新品种，使蚕豆播种、田间管理、田间收获实现机械化作业，提高生产效率，降低劳动力成本，利于适度规模化种植。

（二）抗病耐逆广适

培育对赤斑病、锈病、病毒病，以及豆象、蚜虫等主要生物胁迫具有较高抗性的蚕豆品种；对盐、低温、干旱等非生物胁迫具有较高耐性的蚕豆品种；通过穿梭育种体系，鉴定筛选出具有广适性的蚕豆品种。

（三）专　用

适应蚕豆多元化产业发展需求，选育食品加工专用型品种，包括休闲食品、高酚等保健蚕豆；蔬菜加工型品种，包括大瓣型、绿子叶型、种皮不变色、绿皮绿子叶型；饲草（料）加工型品种，包括特小粒、圆粒型；观赏性型品种；绿肥型品种。

豌 豆

一、生产基本情况

豌豆是世界上栽培面积第三大的食用豆类，全世界超过 98 个国家生产干豌豆，88 个国家生产鲜食豌豆（青豌豆）。近年我国豌豆种植面积 1 200 万~1 300 万亩，其中干籽粒用豌豆面积 500 万亩左右，鲜食用豌豆面积 700 万亩左右。豌豆是我国种植业结构调整和南方丘陵山区产业扶贫的主要作物，也是重要的加工原料和蔬菜。产品主要供应国内市场，消费以鲜食为主，占 61.7%，其余用作工业加工原料。种植分布在全国各地，主要在长江流域的一年两熟秋播区域，占总面积的 68.5%，西北、华北的春播区域种植和分布也比较广泛。

二、种子市场规模

豌豆种子主要由国内种子企业经营，没有国外企业进入国内市场开展经营活动。国内豌豆种子市场相对较为单一，主要以鲜食用品种为主，因鲜食产品目前处于供不应求状态，种子销售量逐年增加，种子销售价格因种子基地的逐渐形成处于相对稳定状态。按常年鲜食豌豆种植面积 700 万亩、亩用种量 8.5 千克、商品化率 53%、种子价格 12 元/千克进行估算，鲜食豌豆种子市场规模 3.78 亿元；干籽粒用豌豆按面积 500 万亩、亩用种量 10 千克、种子商品化率约 40%、种子价格 12 元/千克进行估算，种子市场规模 2.4 亿元。

根据全国农技中心行业基础信息统计，2019 年制繁种、包装经营、代理销售豌豆种子企业有 145 家，其中包装经营企业 77 家。企业自有包装种子销售额 3 165 万元，前 10 名企业销售额 1 979 万元，占市场总销售额的 62.53%。

三、品种推广应用

（一）主导品种

根据全国农技中心不完全统计，推广面积较大的品种有：长寿仁（鲜食籽粒）、荷兰豆（软荚鲜食嫩荚）、中豌 4 号和中豌 6 号（极早熟）、云豌 18 号（硬荚耐储运鲜食籽粒）、定豌 6 号（干籽粒粒用）、陇豌 5 号（半无叶干籽粒粒用）、成豌 8 号（粮菜饲兼用）、无须豆尖豌 1 号（鲜食茎叶）、青豌 3 号（鲜食）、苏豌 1 号（半无叶干籽粒粒用）、台中 11（软荚鲜食嫩荚）、中秦 1 号（早熟鲜食籽粒）等。

我国豌豆产品的用途在过去 10 年内发生了明显的变化，主要是由干籽粒粒用逐渐转变为鲜食菜用，尤其是我国南方传统干豌豆生产区域发生较大的变化，由干豌豆主产区转变为鲜食豌豆主产区，占比超过 60%。随着豌豆生产用途的变化，豌豆育种以鲜食为首要目标，注重品质和抗性的提升。

（二）国外品种

我国在 20 世纪 70—80 年代推广应用豌豆引进品种，90 年代具有自主知识产权的国内品种逐渐增加，2000 年以后大面积推广国内育成品种，国外引入品种逐渐淘汰。但是，我国豌豆育种与世界豌豆育种先进国家相比仍有一定差距。

我国从美国、新西兰、日本、法国等国家分别引进了手拉手（半无叶干籽粒粒用）、阿极克斯（半无叶干籽粒粒用）、成驹 39、云豌 4 号等。

目前，我国生产上种植应用的豌豆品种绝大多数为国产品种，以干鲜兼用类型品种为主。从国外引入品种如手拉手、阿极克斯等以干籽粒生产为主，目前生产上已很少应用；Kaspa、PBA Wharton、Sturt 等干籽粒类型，主要作为优质或抗白粉病基础材料在育种中使用。

（三）品种风险与不足

近年来豌豆种植效益较高，尤其是鲜食豌豆的种植积极性持续升温，干豌豆的生产则因机械化程度较低和国际贸易的影响不断被限制，种植面积明显减少。

豌豆种植风险主要是品种单一、连作区域面积广病害严重和农药残留危害三个方面。目前生产上应用品种名目繁多，但实际种植的品种在南北方生产区域仅有 5~6 个，品种单一抵御生产风险能力弱；其次是因受豌豆高产值效应的驱使，豌豆产业种植者采用连作、反季（如西南地区夏播鲜食豌豆）种植情况越发突出，最终导致豌豆病害的大面积发生，促使生产者大量施用抗病、抗虫药剂，鲜食豌豆的情况尤为突出，部分区域的农药、化肥施用量占生产总成本的 50%以上。

四、品种主攻（发展）方向

随着人民生活水平的提高和豌豆产品用途的多样化需求，生产和消费市场对豌豆专用品种的需求越来越高，豌豆品种类型也越来越丰富。但机械化水平低导致了生产成本居高不下，特别是在非适宜区域（季节）强行发展豌豆产业给周边生态环境带来巨大压力，培育抗性、优质、适合机械化种植、耐贮运绿色品种已成为当务之急。

（一）专 用

随着市场对品种品质要求的提升，专用品种是豌豆育种的主要方向。如鲜食籽粒类型豌豆，需要具有高可溶性糖分、高蛋白含量特性；干籽粒粒用型，根据不同加工需要研发高产、高蛋白/高淀粉品种。无论什么类型的专用品种，抗性是基本参数指标。因此，优质抗性强是品种选育的主攻方向，同时兼顾产量。

（二）绿　色

绿色增产增效农业已成为当前推动农业农村发展的必然要求。围绕环境友好型、资源节约型、优质高效型豌豆生产体系构建，需要加快培育优质、多抗、高效、节水抗旱的豌豆品种，促进绿色高效品种推广应用。

绿色品种包括：①根瘤功能发达品种。在生产过程中环境压力小，对环境中土壤具有一定的修复功能，固氮能力强，抗倒伏特性半无叶类型品种。②适宜机械化品种。机械化程度低是豌豆生产上的重要限制因素，因此要注重适宜机械化品种的选育，包括半无叶类型、茎秆粗硬，耐一定的挤压力等。③抗病虫害品种。至少高抗或抗当地一种主要病虫害，主要病害包括白粉病、锈病、褐斑病、根腐病等；抗虫包括潜叶蝇、蚜虫、豆象等在当地习惯栽培条件下，虫害为害率减少30%以上；其他综合性状指标（如食味、产量、耐贮藏性）不低于或相当于当地主栽培种。

油料作物

油 菜

一、生产基本情况

油菜是我国继水稻、玉米、小麦之后的第四大作物，第一大油料作物。年均种植面积 1.1 亿亩，总产 1 400 万吨，面积、产量均占世界 25% 左右，居世界第一，占国产油料作物产油量 55% 左右，在国内食用油市场具有举足轻重的地位，是保障国家食用油安全的基石。此外，油菜生产每年还为饲料产业提供 600 多万吨的高蛋白质饲用饼粕，同时油菜还是建设美好乡村、发展生态农业、旅游观光农业非常重要的一环。随着油菜全程机械化生产技术发展，我国油菜发展潜力巨大，生产竞争力显著增强，长江流域还有 1 亿亩冬闲田和 5 000 万亩的沿江沿海滩涂可扩大油菜生产，营养健康的双低菜籽油生产和市场发展空间非常广阔。

油菜栽培历史悠久，产区分布较广，主要在长江流域油菜优势区和北方油菜优势区。长江流域油菜优势产区包括沪、浙、苏、皖、鄂、湘、川、黔、滇、渝、桂等省（市）和河南信阳地区，是世界最大的油菜带；北方油菜优势区主要包括青海、内蒙古、甘肃 3 省（区）。90% 以上冬油菜分布于长江流域油菜优势产区，90% 以上的春油菜分布于北方油菜优势区。

二、种子市场规模

油菜种子基本由国内企业经营，国外企业油菜种供应自己的产品链，国内企业引进品种主要以试验、作为种质资源以及对外制种为主，几乎不用作销售，可以说国内企业市场占有率为100%。国内油菜种子市场，受产品行情影响，销售量和销售价格年度间会出现波动。按杂交油菜种植面积7 000万亩、亩用种量0.3千克、商品化率100%、种子价格100元/千克，常规油菜种植面积4 000万亩、亩用种量0.3千克、商品化率73%、种子价格50元/千克进行估算，油菜种子市场规模25.38亿元。

根据全国农技中心行业基础信息统计，2019年制繁种、包装经营、代理销售油菜种子企业有428家，其中包装经营企业246家。企业自有包装种子销售额6.75亿元，前10名企业销售额2.55亿元，占市场总销售额的37.78%。

三、品种推广应用

在近60年内，我国油菜生产技术经历了三次大变革，即从20世纪60年代甘蓝型油菜替代白菜型油菜，90年代"双低"油菜的育成和推广，90年代后期以来"双低"杂交油菜的大面积应用，油菜研发正步入第三次历史性跨越时代。

（一）主导品种

我国油菜品种选育发展较快。根据全国农技中心不完全统计，年推广面积100万亩以上的品种有沣油737、中双9号、华油杂62、华油杂9号、油研10号、中油杂11号、中双10号、德油8号、华油杂12号、华油杂13号、丰油730、阳光2009、秦优10号、浙油50、中双12、华油杂12号、湘杂油631、青杂5号等。

通过2007—2017年种植面积前10名品种分析，结果表明，早期普通品种逐渐减少，种植面积逐渐下降，高产、高含油量、"双低"油菜、抗倒伏品种逐渐增多，如高油优质多抗宜机收油菜品种中油杂19号，2013年以来，成功打造了多种绿色高效生产模式，大力推动了我国油菜功能型、效益型、生态型与三产融合发展的新模式，为促进我国油菜产业高质量发展提供了重要的技术支撑。菌核病抗性较好的品种也逐渐增多，如阳光 2009 等。广适性丰产品种沣油 737，分别在长江中下游地区和黄淮地区得到大面积推广种植。抗根肿病新品种、高油酸品种也崭露头角。

（二）国外品种

我国自 20 世纪 60 年代开始从国外引进的甘蓝型油菜代替本土白菜型油菜后，一直持续到 21 世纪初，国外油菜品种引进规模逐渐减少。2005—2019 年，从国外引进的品种主要用作试验和对外制种，未见有直接销售的品种。

（三）品种风险与不足

1. 抗病抗逆性差

菌核病、根肿病、病毒病是影响油菜生产的主要病害，其中菌核病危害依然最大，生产上应用的抗性品种依然以低感品种华油杂 9 号等为主，新育成的低抗和中抗品种整体上较少。根肿病近年来发展蔓延较快，对油菜产业的威胁越来越大。育成的抗根肿病的品种很少，必须在未来的抗性育种中予以足够的重视。得益于对油菜抗倒伏的重视，油菜抗倒伏强的品种如华油杂 9 号、中双 10 号等逐渐增多，但整体依然较少。

2. 早熟品种未大面积推广

早熟品种能够有效地促进油菜生产方式简洁化，帮助油菜生产更加持续化，提升农作物的复种指数和土地利用率。目前油菜早熟品种相比普通品种生育期能够缩短 10~30 天。但是早熟品种数量少、产量少，未得到大面积推广，如春油菜品种青杂 7 号，2013—2016 年累计推广 78 万亩。

3. 适合绿色生产的品种少

绿色优质品种要求油菜品种具有抵御非生物逆境（干旱、盐碱、重金属污染、异常气候等）、生物侵害（病虫害等）、水分养分高效利用和品质优良等性状，大幅度节约水肥资源，减少化肥、农药的施用，适宜机械化作业或轻简化栽培的能力。目前我国主栽油菜抗裂角能力较弱，抵御生物侵害能力较差，这些不利于油菜机械收割和产量提升。

四、品种主攻（发展）方向

随着农业绿色发展、消费需求多样化和加工产业的快速发展，培育抗病耐逆、优质特色和加工专用等绿色品种需求迫切。

（一）抗病耐逆和水肥高效利用

油菜菌核病、根肿病、病毒病等病害造成的损失越来越大，迫切需要培育具有持久抗性和土传病害抗性的新品种。油菜菌核病、蚜虫等病虫害大发生时能造成油菜产量 15% 以上的损失，极端天气下抗倒性差的油菜品种大面积倒伏，油菜可能颗粒无收。油菜对于水肥需求较大，尤其是微量元素硼，因此迫切需要培育水肥利用率高的品种。

（二）优质特色

适应特色产业发展和满足人们多样化需求，应加快培育优质特色品种。

优质品种。含油量≥48% 的品种：符合双低条件，芥酸含量≤2%，硫甙葡萄糖苷含量≤40μ 微摩/克（饼）；高油酸品种：油酸含量为 75% 的品种；符合双低条件，芥酸含量≤2%，硫甙葡萄糖苷含量≤40μ 微摩/克（饼）；高芥酸品种：种子芥酸含量≥50%，商品籽硫甙葡萄糖苷含量≤40μ 微摩/克（饼）；硼高效利用品种：在缺硼土壤中生长能够正常结实的品种；适应机收品种应具有抗裂角和强抗倒性。

特色品种。菜用品种：抽薹产量高，适口性好，营养丰富；绿肥品种：植物生长量大，整体干物质生产量高，适宜压青的品种；饲料品种：植株生长茂盛，干物质积累量大，适宜作青贮饲料的品种；花用品种：开花期长、颜色鲜艳的品种。

花　生

一、生产基本情况

花生是世界上重要的油料和经济作物之一，是食用植物油和蛋白质的重要来源。目前全球花生种植面积约 4.2 亿亩，分布于 100 多个国家和地区。我国是世界最大的花生生产国和消费国，总产量和消费量均约占全球的 40%。在国内大宗油料作物中，花生年种植面积 6 900 多万亩，总产量 1 700 多万吨，总产值 1 100 亿元，产值已跃居我国油料作物首位。产品主要供应国内市场消费，约 50% 用于榨油，占国产植物油产量的 25% 以上，是国产植物油的第二大来源（仅次于菜籽油）；40% 左右用于花生多样化食用及食品加工；10% 左右用于出口和留种。我国有 28 个省份种植花生，其中 14 个省份花生种植超过 100 万亩。黄淮海地区是我国最大的花生产区，目前该区花生种植面积 3 400 多万亩，占全国约50%，总产占全国约 60%。南方产区、长江流域产区、东北农牧交错带花生种植面积也较大。

二、种子市场规模

我国花生种子全部为国内企业经营。按大花生种植面积 2 000 万亩、亩用种量 25 千克、种子商品化率 40%、平均单价 10 元/千克计算，大花生种子市场规模 20 亿元；小花生种植面积 4 900 万亩、亩用种量 20 千克、种子商品化率 35%、平均单价 12 元/千克计算，小花生种子市场规模 41 亿元，合计花生种子市场规模约为 61 亿元。

根据全国农技中心行业基础信息统计，2019 年制繁种、包装经营、代理销售花生种子企业有 241 家，其中包装经营企业 152 家。企业自有包装种子销售额 12.56 亿元，前 10 名企业销售额 7.23 亿元，占市场总销售额的 57.56%。

三、品种推广应用

（一）主导品种

我国种植的花生品种全部为我国自育品种，根据全国农技中心近 3 年统计，至少 1 年种植面积超过 100 万亩的品种有 19 个，包括山花 9 号、远杂 9102、花育 25、山花 7 号、白沙 1016、远杂 9307、花育 22、宛花 2 号、四粒红、豫花 9326、花育 36、商花 5 号、豫花 37、花育 25、仲恺花 1 号、豫花 23、濮花 28 号、花育 23、开农 71。其中，远杂 9102、白沙 1016、远杂 9307、宛花 2 号、商花 5 号、豫花 23 号、仲恺花 1 号、豫花 37 为珍珠豆型中小果早熟品种，四粒红为多粒型小果早熟品种，其他品种为普通型品种。

上述 19 个品种中，远杂 9102、远杂 9307、宛花 2 号、豫花 9326、商花 5 号、豫花 37、豫花 23、濮花 28 号、花育 23、开农 71 是河南的主导品种；山花 9 号、花育 25、山花 7 号、白沙 1016、花育 22、花育 36、花育 25、花育 23 是山东、河北等地的主导品种；四粒红、白沙 1016 是东北花生产区的主导品种；仲恺花 1 号是南方花生产区的主导品种。

近年来，随着高油酸花生品种在国际上成为热点，高油酸花生品种豫花 37、开农 71、开农 1715、开农 176、花育 963、山花 21 号、冀花 18 等面积快速增加。

（二）品种风险与不足

1. 品种抗性不能满足生产变化需要

近年来花生病虫害发生日益多样和严重，特别是土传病害、病毒病害、线虫病害，如花生根茎腐病、白绢病、果腐病、病毒病和根结线虫病等发病频率增加，这些病害目前仍缺乏高效、低毒的杀菌剂品种，防治困难，对花生生产造成一定影响。目前缺乏抗性种质及品种。

2. 品种专用性不突出

长期以来，我国花生以油用为主，但近年来随着供给侧结构性改革的深入推进，除高油花生外，高油酸、高糖、菜用、酱用等食用花生为市场所青睐。高油酸高油、高油酸高蛋白、高油酸高糖等优质专用高产品种相对缺乏。

3. 适宜机械化品种相对较少

国内花生机械化生产技术无论与发达国家还是与国内粮食作物相比均显落后，尚未建立适合不同主产区特点的全程机械化生产模式，机械化作业与品种类型、产品用途、地膜覆盖、绿色植保、水肥配置、秸秆处理、荚果干燥等方面未实现有机融合，也尚未有效针对机械化作业开展品种改良。

四、品种主攻（发展）方向

（一）优质专用

选育高油酸前提下花生的高产、高油、高糖、高蛋白等优质品种，适应花生供给侧结构性改革，促进产业发展。

（二）抗　病

加强育种技术创新，选育抗土传病害、病毒病害、线虫病害，如花生根茎腐病、白绢病、果腐病、病毒病和根结线虫病的品种。

（三）适宜机械化

适应花生规模化生产需求，研究适宜机械化脱壳、播种、收获的花生品种，促进农机农艺融合，提高花生种植规模效益。

（四）早熟高产大果

我国黄淮海一年两熟地区及新疆地区需要早熟性好的高产大果花生品种，现有高产大果品种早熟性尚不能很好地满足种植制度变革的需要，应加大研究力度。

亚麻（胡麻）

一、生产基本情况

亚麻，按用途可分为纤维用、油用和油纤兼用 3 种类型，油用和油纤兼用类型称为胡麻，纤维用一般称为亚麻。我国胡麻面积 500 万亩左右，主要分布在西北和华北北部的干旱、半干旱高寒地区，是西北华北地区的主要油料作物。我国纤维亚麻种植面积约 4 万多亩，主要分布在黑龙江和新疆，虽然我国纤维麻种植面积萎缩，但亚麻纱线、亚麻胚布及亚麻制品贸易量占全球贸易总量的 60% 以上，已成为亚麻加工大国和消费大国。

二、种子市场规模

当前，亚（胡）麻良种繁育基地基本上是科研单位或者少数种子企业选择条件较好的农户或者种植大户通过繁种协议建立基地。生产用种更新以农民串换为主。种子生产经营企业规模小，兼业经营多，没有专业经营纤维亚麻种子的企业，都是原料厂自行繁殖，在生产中应用。按胡麻常年种植面积 500 万亩，用种量 4~6 千克/亩，需种总量 0.2 亿~0.3 亿千克，种子商品化率约 30%，种子单价 13 元/千克估算，种子市场规模约 0.9 亿元。

根据全国农技中心行业基础信息统计，2019 年制繁种、包装经营、代理销售胡麻种子企业有 26 家，其中包装经营企业 16 家。企业自有包装种子销售额 576 万元，前 10 名企业销售额 524 万元，占市场总销售量的 90.97%。

三、品种推广应用

（一）主导品种

目前，胡麻国内生产应用品种均为国内自育品种。根据现代农业产业技术体系调查，年推广面积在 50 万亩以上的品种有陇亚 10 号等，年推广面积在 10 万亩以上的品种有宁亚 17 号、定亚 18 号、坝选 3 号、内亚 9 号、陇亚 13 号等。

从近 5 年主导品种变化看，陇亚 8 号、陇亚 11 号、陇亚 12 号、宁亚 15 号、宁亚 19 号等较早育成品种仍然在生产应用，但生产面积在逐年减少。陇亚 13 号、14 号、内亚 9 号、宁亚 22 号、龙油麻 1 号等新近育成品种种植面积逐年扩大。从 7 个纤维用登记品种看，目前推广应用面积较大的品种为黑亚 21 号、阿卡塔、黑亚 24 号、华亚 1 号、华亚 2 号、科合亚麻 1 号等，无论从原茎产量还是从抗病性和抗逆性上看，都具有较好的推广应用前景。

（二）品种风险与不足

1. 抗白粉病差

近年来，白粉病发病率高，对产量影响呈加重趋势，但品种对白粉病抗性普遍较差。

2. 纤维用亚麻品种选育落后

纤维用亚麻品种一直是困扰产业发展的问题。自育品种纤维含量低，且由于其抗旱性差，在东北春旱地区很难获得高产。培育适合我国气候条件的品种，是纤维亚麻育种的主要任务。

四、品种主攻（发展）方向

（一）高值高质

选育高含量亚麻油（高 α 亚麻酸、高不饱和脂肪酸含量）、高含量亚麻胶、高含量木酚素、高品质亚麻纤维、高蛋白亚麻饼粕等特点的胡麻（亚麻）品种，特别是具有保健作用的亚麻油，目前已经被广大群众所认识。精深加工及高附加值产业化技术发展迅速，有针对性地选育适宜加工和功能性产品开发需要的专用品种才开始起步，需要加快工作进度。

（二）绿色安全

绿色安全高效农业已成为当前发展的必然要求，优质绿色品种应具有抵御非生物逆境（干旱、盐碱、重金属污染、异常气候等）和生物侵害（病虫害）的优良性状，具有养分、水分高效利用和品质优良性状的特性。油用胡麻育种方面，在兼顾产量和品质的基础上，注重抗旱、抗倒伏、抗白粉病、机械化收割性状的选育；纤维亚麻方面，注重高产、高纤、可纺性好的同时，应该注重抗旱、抗病、抗倒伏等抗逆性状的选育。

向 日 葵

一、生产基本情况

向日葵是世界四大油料作物之一，分布在 70 多个国家，我国在种植面积和总产量上分别位于世界第五位和第四位。在我国，向日葵是仅次于大豆、油菜、花生的第四大油料作物。近年来我国向日葵种植面积持续增加，目前稳定在 1 800 万亩左右，已成为我国农业种植结构调整和产业扶贫的主要作物，也是发展休闲观光农业的特色经济作物。向日葵按籽实用途划分为油用型、食用型，种植面积分别为 350 万亩、1 450 万亩。油用型向日葵用来榨油，生产食用油供应国内市场消费；食用型主要做休闲食品、扒瓜子仁，国内消费约占 70%，出口占 30%。向日葵主要分布在北方 12 省区，内蒙古、新疆、吉林、河北和甘肃五大产区种植面积和产量合计占全国比重分别为 89% 和 83%。近几年，东北春播区种植面积出现下滑（气候原因造成盘腐型菌核病大面积发生），南方夏秋播区选择种植油赏两用的油用型向日葵来发展休闲观光农业。

二、种子市场规模

食用型向日葵种子基本由国内企业经营，可以说国内企业市场占有率接近 100%。经营国外油用型向日葵种子经营企业，主要是中种集团和先正达（已合并一家），种子销售量占油葵总销售量的 40% 左右。按常年食用型向日葵种植面积 1 400 万亩、平均亩用种量 0.35 千克、需种总量约 490 万千克、商品化率 100%、种子价格 170 元/千克进行估算，种子市场规模约 8.33 亿元；油用型向日葵种植面积 350 万亩、平均亩用种量 0.2 千克、需种总量约 70 万千克、商品化率 100%、种子价格 60 元/千克进行估算，种子市场规模约 4 200 万元。向日葵种子市场规模为 8.75 亿元。

根据全国农技中心行业基础信息统计，2019 年制繁种、包装经营、代理销售向日葵种子企业有 241 家，其中包装经营企业 167 家。企业自有包装种子销售量 569 万千克，销售额 4.42 亿元，前 10 名企业销售额 2.28 亿元，占市场总销售额的 52%。

三、品种推广应用

（一）主导品种

我国食用型向日葵品种选育发展较快，自主研发的食葵杂交种占种植和消费的主导市场。目前生产上大面积推广的品种有 SH363、SH361、JK601、三瑞系列、双星 6 号、同辉 31、同辉 32 和 HZ2399 等。其中，SH363 以其饱满的籽仁和香脆的口感一直是中国原味瓜子炒货现选和备选的原料（商品性优质品种），SH361 突出优点是高结实（高产型品种），JK601 高抗黄萎病，三瑞系列为综合抗性型品种，双星 6 号、同辉 31、同辉 32 和 HZ2399 对向日葵列当具有较好的抗性（抗列当品种）。

通过 2017—2019 年种植面积统计分析，结果表明，油用型向日葵品种的种植面积在逐渐下降，抗列当食葵品种和地方常规品种的种植面积逐渐上升。

（二）国外品种

我国从 20 世纪 50 年代开始向日葵引种与系统选育工作。70 年代开始向日葵杂交优势利用，先后完成了向日葵三系配套工作，1981 年育成我国第一个三系杂交种白葵杂一号。迄今我国油用型向日葵杂交种和国外相比，还存在籽实含油率偏低以及抗病性偏差的问题，导致国内油用型向日葵种子市场被国外品种占据半壁江山。

食用向日葵在我国具有悠久种植历史，但在 2000 年之前种植的都是常规品种，虽然当时三道眉、星火、黑大片等常规品种品质优良，但株高过高、易倒伏、株高不整齐、产量不稳定等问题突出。因此，21 世纪初，一些有国外背景的企业纷纷从美国、以色列等国家引进了食用向日葵杂交种，以 LD5009 为代表的"美葵"（"美葵"为国外食葵杂交种的统称）成为向日葵主产区的热销产品，在 2010 年以前以种植国外进口杂交种"美葵"为主，向日葵市场一度是"'美葵'一统天下"。2007 年为扭转进口食葵杂交种统治市场的局面，研究人员在积极加大研究力度的同时，联合地方企业开展品种改良攻坚。2012 年后陆续育成自主研发的 SH363、JK601、SH361 等国产品种，并在主产区迅速推广应用。自 2014 年起"'美葵'一统天下"的时代彻底结束。

目前，油用型向日葵国外品种以 S606、567DW、T562、NX1902 为主，国外品种种植面积占我国油葵种植面积的 40% 左右，占向日葵种植面积的 8%。矮秆品种以 567DW 为代表的矮大头系列，高秆品种以 S606 和 NX1902 为代表。我国油用型向日葵种植区域主要在新疆和河北，新疆的油葵商品主要是销售给油脂加工企业，河北的油葵商品以自销为主。

近年来，由于国内育成品种含油率和综合品质的提升，国外引进品种种植面积呈缓慢下降的趋势。

（三）品种风险与不足

1. 抗病抗逆性差

菌核病、寄生性恶性杂草列当、黄萎病、叶斑病是影响向日葵生产的主要病害，其中盘腐型菌核病对产量的危害依然最大，生产上还未发现对盘腐型菌核病明显抗性的品种（目前全世界还没发现对向日葵盘腐型菌核病免疫的向日葵种质，包括野生资源）。

2. 食葵适机收品种缺乏

由于食用型向日葵葵盘倾斜度较大，多数杂交品种的倾斜度超过 3

级，同时食葵还具有易落粒等限制因素，食葵适合机械化收获品种的选育进程缓慢。

3. 加工葵花仁专用品种少

目前生产上应用的加工葵花仁的品种以油葵品种或食葵小粒商品为主，整体出成率偏低，葵花仁质量不好。

四、品种主攻（发展）方向

随着农业绿色发展战略实施及消费需求多样化和加工产业的快速发展，培育抗病耐逆、优质特色和适合机械化收获等绿色品种需求迫切。

（一）抗病耐逆和适合机械化收获

向日葵菌核病依然是向日葵第一大病害，黄萎病、黑斑病和褐斑病等为害范围和造成的损失程度也不小，迫切需要培育具有高耐菌核病和高抗黄萎病及叶斑病的新品种。向日葵列当也是制约向日葵产业发展的主要限制因素之一，迫切需要培育商品性优良，对列当具有很好抗性的品种。食用型向日葵成熟时易落粒和葵盘倾斜度过大的特点都不适合机械收获。因此，优质、高产、抗逆、适机收品种选育是我国向日葵育种主要研发方向。

（二）优质特色

适应特色产业发展和满足人们多样化需求，培育高油酸品种，生育期适中、籽实饱满、油酸含量高等，可延长葵花油的货架期及满足不同人群的消费需求；观赏型、榨油赏花两用型品种，舌状花鲜艳、花期长，适合乡村旅游观光；鲜食赏花两用型品种，舌状花鲜艳、籽粒大，适合休闲采摘等。

（三）加工专用

适应加工产业和休闲食品需求，培育原味加工品种，具有籽粒无锈斑、籽仁率高、适口性好、高产等品质；培育高油酸品种，具有脂肪中单不饱和油酸含量高、高产等品质；仁用加工品种，具有籽粒大小适中、籽仁率高、籽仁出成率高等品质；鲜花加工品种，具有舌状花橘黄、鲜切品质好等品质。

糖料作物

甘 蔗

一、生产基本情况

甘蔗是一种重要的糖料作物，属于多年生植物，分为新植蔗与宿根蔗，在我国种植一次收获 2~3 茬。近年来我国甘蔗年种植面积 1 900 万亩左右，产量约 9 000 万吨，年蔗糖产量 950 万吨，所产蔗糖尚不能满足国内所需，每年进口量在 500 万吨左右。我国甘蔗主产区分布在北纬24°以南的热带、亚热带地区，形成了桂中南、滇西南、粤西琼北 3 个甘蔗优势产区。种植甘蔗的省区主要有广西①、云南、广东、海南等，其中广西是最大的甘蔗主产区，种植面积达 1 100 万亩以上，占全国面积的60%左右。

二、种苗市场规模

我国每年约有 600 万亩甘蔗要翻新种植，需种苗 400 万吨左右，但由于蔗农自留种多，大户自繁自用，通过种苗公司营销的甘蔗种苗不到10%。近年种苗价格，常规品种 600~900 元/吨，个别时段达 1 200~1 500 元/吨，新出的品种可达 2 500 元/吨。根据估算，甘蔗种苗年销售额 3 亿元。

甘蔗种苗生产经营以广西北海、广东湛江最为活跃，其次广西的两个最大的蔗区，即崇左市的江州区和扶绥县，来宾市的兴宾区也有较多

---

① 广西壮族自治区，全书简称广西。

的种苗公司。全国的甘蔗良种繁育推广基地每年约可提供良种 35 万吨，可供蔗农大田种植 80 万亩以上，广西的甘蔗种苗较充足，品种更新快。云南种苗公司相对较少，运输成本也较高，对云南良种更新速度产生了一定影响。

三、品种推广应用

近年来我国甘蔗育种取得较快进展，目前生产推广应用的品种，除早年我国台湾地区选育的新台糖系列外，基本都是由我国大陆地区自主选育的品种。

（一）主导品种

推广面积在百万亩以上的甘蔗品种有 4 个：新台糖 22 号、桂柳 05136、桂糖 42 号和粤糖 93159，种植面积分别超过 400 万亩、250 万亩、250 万亩和 100 万亩。其中桂柳 05136、桂糖 42 号为近年选育出来的新品种，在"双高"基地建设的形势下推广迅速。

20 万~100 万亩的品种有：粤糖 00-236、粤糖 86-368、新台糖 20 号、新台糖 25 号、粤糖 94-128、桂柳二号、桂糖 46 号、德蔗 03-83 和新台糖 10 号。这些品种推广应用多年，其中较新的品种有桂柳二号和桂糖 46 号。

近年品种更新较快，新近选育的高产高糖品种得到了快速推广，如桂柳 05136、柳糖 42 号，从 2013 年开始推广，到目前面积均超过 250 万亩。

新台糖 22 号虽然仍是种植面积最大的品种，但面积和比例都明显下降，已降到 30% 以下。台糖系列的新台糖 16 号、新台糖 25 号和台优的面积也大幅下降，在广西种植不足 10 万亩。

（二）品种风险与不足

1. 寒　害

我国蔗区常受霜雪冻害威胁，不但造成产量和糖分损失，而且常造成种苗短缺，影响生产安全，因此加强抗寒品种选育十分必要，在易遭冻害的蔗区推广应用耐寒品种。

2. 病虫害

黑穗病是甘蔗生产面临的最主要病害。目前生产上面积最大的当家品种新台糖 22 号就是感病品种。当前新选育的一些主推品种如桂柳 05136、柳糖 42 号都是新台糖 22 号的后代，黑穗病的发病率也在逐年提高。大多自育品种对叶部病害如锈病、褐条病等的抗性和脱叶性方面都或多或少存在缺陷。白条病是检疫性病害，对甘蔗产量影响大，可造成整株甚至连片死亡，且难以防治，因此须加强选育抗病品种，慎重推广感病品种。

3. 旱害

我国蔗区立地条件差，常年受干旱威胁，有灌溉的田地不足 30%，因此干旱是对我国甘蔗生产影响最大的气象因子，甘蔗品种的抗旱性对生产稳定极为重要。

四、品种主攻（发展）方向

（一）适宜机械化

国内外甘蔗产业竞争分析表明，我国制糖成本特别是原料蔗生产成本大幅高于先进国家，而劳动力成本和地租是造成这种状况的主要原因。因此，提高竞争力的主要途径是提高劳动生产率、降低单位原料蔗的生产成本。全程机械化生产则是根本途径，要通过适宜机收品种的选育和释放，提升产业竞争力。

（二）广适性

近年选育了产量和品质都超过新台糖 22 号的甘蔗新品种，如桂柳 05136、桂糖 42 号和福农 41 号等，在生产上也推广了一定的面积，但由于受品种适应区域的限制，应用面积仍无法超过新台糖 22 号。因此要加强新创制的含斑茅、新割手密亲本的应用，实现广适性优良品种选育。

（三）抗病性

现有品种由于在病害抗性上存在不足，影响了其适应和推广。需要高抗黑穗病、白条病和梢腐病的品种。

（四）抗　旱

这是由我国的立地条件决定的，只有抗旱的品种才能在我国灌溉比例少的蔗区占有一席之地。

甜　菜

一、生产基本情况

我国是世界第三大食糖生产国和第二大食糖消费国，主要糖料作物有甘蔗和甜菜。甜菜播种面积占糖料作物的13%左右，2020年超过400万亩，2019/2020榨季产糖量140万吨左右。甜菜产业是我国北方冷凉干旱地区具有明显竞争力的地方特色产业。我国甜菜种植区主要集中在西北地区新疆、甘肃，华北地区内蒙古，东北地区黑龙江等地，内蒙古近几年甜菜产业发展迅猛，已成为我国最大的甜菜糖产区，2020年面积近240万亩，新疆种植面积110万亩以上，甘肃种植面积12万亩以上，黑龙江种植面积出现严重下滑，不足20万亩。

二、种子市场规模

我国甜菜种子95%以上由国内公司从国外引进。大面积推广应用的种子85%为丸粒化单胚种，年需求量25万个单位，经营额3.0亿元以上；15%为多胚种，年需求量为200吨左右，经营额为2 000万元，甜菜种子市场规模合计为3.2亿元。

我国三大甜菜产区生产用种95%来源于以下国外种业公司：德国KWS公司（占21%左右）、荷兰安地公司（占31%左右）、原瑞士先正达公司（占16%左右）、丹麦麦瑞博公司（占15%左右）、美国BETA公司、德国斯特儒伯公司、英国莱恩公司（三个公司12%~13%）；生产用种3%~5%依靠国内育种单位，包括黑龙江大学作物研究院（原中国农业科学院甜菜研究所）、内蒙古自治区农牧业科学院特色作物研究所、新疆石河子甜菜研究所、新疆农业科学院经济作物研究所、甘肃张掖市农业科学研究院。

三、品种推广应用

（一）主导品种

对 2017—2019 年播种面积 2 万亩以上的甜菜品种进行统计，发现超过 2 万亩的品种共计 30 个，累计种植面积 250 万亩，占常年种植面积的 83% 左右，全部为国外公司品种。种植面积最大的品种为丹麦麦瑞博公司的 MA097，在内蒙古年平均种植 28.9 万亩；其次为荷兰安地公司的 H7IM15，在内蒙古年平均种植 24.5 万亩；位居第三的是德国 KWS 公司的 KWS9147，在新疆和黑龙江年平均种植 23.5 万亩。这 3 个品种的种植面积约占全年总面积的 1/4。

（二）国外品种

2004 年以前以国产品种为主，从 2006 年开始被国外品种替代，至今整个市场基本被国外品种垄断，主要是国外品种具有块根产量高、块根整齐度高、适宜机械化生产、单胚丸粒化加工等优点。

德国 KWS 公司系列品种，品种特点是芽势强，出苗整齐度高，苗期长势好，抗丛根病性较强，块根产量高，块根整齐度高；缺点是耐根腐病、抗褐斑病性差，含糖率偏低。荷兰安地公司系列品种，品种特点是抗丛根病性中等、抗褐斑病性较强，对水肥、土壤适应性强，耐瘠薄，块根产量与含糖率均适中；缺点是块根整齐度不高。原瑞士先正达公司系列品种，品种特点是抗丛根病中等，块根整齐度高，含糖率较高，综合产量质量水平中等，根头小非常适宜机械化生产；缺点是芽势弱，苗期长势弱。丹麦麦瑞博公司系列品种，品种特点是出苗整齐度较高，丰产型、高糖型品种特性突出，综合产量与质量水平中等；缺点是抗丛根病、抗褐斑病性一般。美国 BETA 公司系列品种，品种特点是出苗整齐度高，苗期长势好，抗丛根病性强，块根产量高；缺点是植株偏大。德国斯特儒伯公司系列品种，品种特点是抗丛根病性中等，块根产量中等，含糖率较高；缺点是芽势弱，苗期长势弱，耐根腐病性差，褐斑病抗性一般。英国莱恩公司品种，品种特点是出苗整齐度一般，块根产量较高，含糖率一般；缺点是抗病性较差。

与国外相比，国产自育单胚品种，品种特点是抗丛根病及褐斑病、耐根腐病性强，含糖率高；缺点是出苗整齐度不高，块根整齐度不高，植株偏大，机械作业损耗率偏高。

（三）品种风险与不足

1. 陷入依赖国外品种的恶性循环

国外进口甜菜品种垄断市场对我国甜菜种业和产业造成潜在风险。一方面是造成褐斑病、丛根病、根腐病等病害加重发生，防治任务艰巨，须引进种植具有更高抗性的国外品种；另一方面严重打击了国产自育品种市场。

2. 自育品种突破难

一是品种种质资源匮乏，基础研究落后。我国甜菜亲本遗传基础狭窄，尤其是缺乏单胚雄性不育系及保持系亲本资源材料。自育品种存在丰产性差，出苗整齐度、植株生长整齐度差，根型不好等问题。二是品种加工技术亟待改善。我国甜菜种植栽培方式主要采用机械化精量直播干播湿出及膜下滴灌种植模式，纸筒育苗移栽种植模式，需要丸粒化单胚种播种。但我国甜菜种子加工分级与丸粒化包衣技术不过关，种子加工设备落后，种子刃粒化后发芽率达不到我国甜菜商业化用种种子质量标准要求，致使自育的产量质量性状优良、抗病性强的单胚种无法实现商品化推广应用。

四、品种主攻（发展）方向

糖料生产正朝着机械化、轻简高效、规模化方向快速发展。甜菜由多种模式种植逐渐转向机械化作业模式，内蒙古为主的华北区全程机械化作业面积占 80% 以上，同时甜菜规模经营大幅提升，华北地区甜菜种植 100 亩、200 亩、500 亩的大户数量成倍增加，占产区播种面积的 70% 以上。上述种植生产模式的转变，甜菜种子需要以丸粒化加工的单胚良种为依托。

（一）适宜机械化的优质抗病品种

甜菜种植生产中，对产量、含糖率、品质影响最大的因素是品种的抗病性。甜菜需适应不同生态区丰产、优质、抗 2 种以上主要病害（褐斑病、丛根病、根腐病或白粉病）、抗除草剂、宜密植、适宜机械化作业单胚雄性不育杂交种，同时实现种子丸粒化加工后推广应用。

（二）加强丸粒化加工技术研究

建立适宜甜菜单胚品种种子繁育的良种繁育基地。完善甜菜种子丸粒化加工技术，突破种子醒芽技术，实现国产自育单胚品种的丸粒化加工，质量达到我国甜菜种子质量标准。

蔬 菜

大 白 菜

一、生产基本情况

大白菜起源于我国,是我国第二大蔬菜作物。近年我国大白菜年种植面积 2 700 万亩左右,是北方冬贮数量最大的蔬菜,在均衡市场供应、稳定蔬菜价格等方面具有重要作用。产品主要供应国内市场消费,消费以鲜食为主,占 85%以上,加工占 15%以下,加工品主要是酸菜、辣白菜。种植分布在全国各地,主要有东北秋大白菜区、黄淮流域秋大白菜区、长江上中游秋冬大白菜区、云贵高原湘鄂高山夏秋大白菜区、黄土高原夏秋大白菜区五大优势产区,70%左右的种植面积分布于东北和黄淮流域秋大白菜区及长江上中游秋冬大白菜区。

二、种子市场规模

大白菜种子主要由国内企业经营,经营种子的国外企业有坂田种苗(苏州)有限公司、北京世农种苗有限公司、日本泷井种苗株式会社、日本东北种苗株式会社、北京百幕田种苗有限公司等,也有国内企业从韩国、日本、荷兰等国引进品种销售,如北京百欧通种子有限公司、北京大一种苗有限公司、湖山(北京)农业技术有限公司等。国内大白菜种子市场,受产品价格波动和种植面积变化等影响,种子销售量和销售价格年度间会出现波动。按常年种植面积 2 700 万亩、平均亩用种量 0.1千克、需种总量约 270 万千克、商品化率 80%~85%、种子价格 260~350元/千克进行估算,种子市场规模 6 亿~8 亿元。

细分种业市场规模：春播 100 万~150 万亩、种子商品化率 100%、亩用种成本 30~60 元，春播市场规模为 0.45 亿~0.675 亿元；夏播（包括高山春夏播）600 万~800 万亩、种子商品化率 95%、亩用种成本 30~50 元，夏播市场规模为 2.28 亿~3.04 亿元；秋播 1 200 万~1 400 万亩、种子商品化率 80%，亩用种成本 20~30 元，秋播市场规模为 2.4 亿~2.8 亿元；越冬 300 万~450 万亩、种子商品化率 90%，亩用种成本 30~50 元，越冬茬口市场规模为 1.08 亿~1.62 亿元。

根据全国农技中心行业基础信息统计，2019 年制繁种、包装经营、代理销售大白菜种子企业有 600 余家，其中包装经营企业近 400 家。企业自有包装种子销售额 5.41 亿元，前 10 名企业销售额 2.48 亿元，占市场总销售额的 46%。

三、品种推广应用

（一）主导品种

近些年来，大白菜产品类型发生了重大变化，由过去大球型大白菜消费为主，发展为大球型、苗用（快菜）型、娃娃菜和小球型等多种类型并存的产品模式。苗用菜、娃娃菜和小球型白菜，因具有品质好、生长周期短、生产效益高、适合目前我国家庭人口少的消费等优势，深受生产和消费者的青睐，市场前景看好。国内育成的大白菜品种在生产中占主导地位，占市场份额的 93% 以上。根据不完全市场调查和行业统计，目前市场上销售的品种有 3 000 个以上，由于类似品种较多，实际推广的品种应该在 2 000 个以下。

根据市场调查，主导品种有秋播大白菜品种北京新三号、改良青杂三号、87-114、山东 4 号、山东 7 号、京秋 4 号、京秋 3 号、京秋 5 号、油绿 3 号、水师营 91-12、义和秋、小义和秋、鲁春白 1 号、山东 19 号、秦白 2 号、新乡小包 23、珍绿 6 号、中白 76、津秋 78、太原二青、丰抗 70、丰抗 80、郑白 4 号、郑杂 2 号、丰抗 60、北京小杂 55 号、北京小杂

56 号、早熟 8 号、天津绿、春秋王、AC-2、鲁白 6 号、丰抗 78、津绿 75、北京小杂 60 号、冬冠、冬冠 9 号、绿笋 70、京箭 70、秋童、东阳 50、城杂五号、北京大牛心、北京 68 号等；春播晚抽薹品种山地王 2 号、金冠、春丰、京春黄 2 号、改良京春绿；夏播耐热品种金丝白、碧玉、京夏王、京夏一号、德高 16、夏阳、冬冠 097 等。抗根肿病品种德高 CR117、CR 京秋新 3 号、水师营 18 号等；速生高品质快菜品种早熟 5 号、京研快菜、京研快菜 2 号、京研快菜 4 号、京研快菜 6 号、德高 536、寒玉快菜、申荣 K16、申荣火箭快菜、四季快菜 1 号、优秀、速绿 117、金品 851 快菜、绿快 2 号等；娃娃菜品种华耐 B1102、京春娃 3 号、京春娃 2 号、京春娃 4 号、春玉黄、津秀 2 号等。

根据对近 40 家大的种子企业品种销售数据统计，依据亩用种量推算，2019 年种植面积超过 100 万亩的品种有 1 个：早熟五号；超过 50 万亩的品种有 4 个：改良青杂三号、华阳白、北京新三号、鲁白六号；超过 20 万亩的品种有 13 个：新抗 90、京秋 4 号、小义和秋、义和秋、西星 78、青华 76、西星 90、山东四号、丰抗 70、京秋 3 号、丰抗 60、836 快菜、晋青 2 号；超过 10 万亩的品种有 21 个：德高 536、西星 80、CR117、胶研 5869、北辰七号、油绿 3 号、秋绿 60、胶蔬秋季王、津育 75、乾坤 91-18、申荣 M5、京研快菜 2 号、津育 80、申荣火箭快菜、小杂 56、87-114、北辰秋、胶蔬夏季王、津育 60、申荣 8 号、水师营 91-12。

通过对近 15 年种植面积较大品种分析，结果表明，传统的秋播大白菜品种种植面积普遍下降，特别是高产、商品性较差的品种如太原二青、丰抗 78、丰抗 70、郑白 4 号、山东 4 号、北京小杂 55 号、北京小杂 56 号等种植面积下降很快。而生育期短、高品质、小球型的品种种植面积逐渐上升，生长速度快、优质的快菜品种如京研快菜、京研快菜 2 号、申荣火箭快菜，高口感品质的早熟品种如金丝白、碧玉、冬冠 097、绿笋 70、京箭 70，以及商品性高的娃娃菜品种华耐 B1102、京春娃 3 号、京春娃 2 号等面积逐渐扩大。

（二）国外品种

20 世纪末和 21 世纪初，随着我国改革开放的进程不断深入，国外的大白菜品种陆续进入中国市场，但由于品种生态适应性和抗病性不够等原因，进入中国推广较好的品种多数为耐抽薹类型，市场占有率不到 7%。

适合春季和高冷地春夏季种植的品种有春夏王、强势、春大将、良庆、健春等。近 10 年，晚抽薹黄心耐贮运的品种逐渐成为市场主流，目前推广面积较大的品种有良庆、阳春三月、今锦、吉锦、梅锦、傲雪迎春、黄洋洋、玲珑黄 012、四季王、秋宝、NH 金皇后、春月黄、阳春、金峰、绿箭 70、夏阳白等。自 2019 年开始，从韩国引进的二代黄心品种（如黄金圈等）开始试推广，引起了业界的关注。

（三）品种风险与不足

大白菜的种植风险主要有两个方面。一是北方地区平原春播、高原高山地区春夏播、南方地区越冬种植，若使用品种不当或品种的耐抽薹性不够强或气候异常（在生长季节出现比常年温度偏低的情况），造成大白菜"未熟抽薹"，减产或失去商品价值；二是在一些病害高发区，因使用品种抗性不够或当年气候非常适宜某种病害流行，给种植带来损失。

四、品种主攻（发展）方向

随着极端气候和病虫害的频发以及农业绿色发展战略的实施，培育抗病、抗逆、高品质的绿色品种需求迫切。

（一）抗　病

近年来，生产上大白菜的病害种类越来越多，除传统的病毒病、霜霉病、软腐病、黑斑病、黑腐病等病害外，干烧心病、根肿病、黄萎病等新病害流行，也给生产上带来严重威胁。培育抗新流行病害和复合抗性更突出的品种非常紧迫。

（二）抗　逆

因极端气候频发和种植季节的拓展，对品种的抗逆性提出了更高的要求，主要体现在耐热（夏播品种在日均温度 28℃ 以上能正常结球）、耐低温（春播和越冬栽培品种在夜温不低于 10℃ 条件下栽培不未熟抽薹）、耐贮藏（冬贮品种 0~5℃ 窖藏，叶球脱帮损耗率≤20%）。

（三）优质特色

适应特色产业发展，培育特色高营养品种，如高花青素、高胡萝卜素和高膳食纤维等；高口感的品种，如绍菜类型、早皇白类型、快菜、娃娃菜等；加工专用品种，如酸菜、辣白菜加工品种；薹用大白菜品种等。

结球甘蓝

一、生产基本情况

结球甘蓝，简称甘蓝，是我国各地广泛种植的一种重要蔬菜作物，在蔬菜周年供应及出口贸易中占有重要地位。近年我国甘蓝面积大约1 400万亩（FAO，2018），产品主要供应国内市场，消费以鲜食为主，约占90%，加工占10%，加工主要以泡菜、脱水蔬菜为主。国内甘蓝主要种植在北方、长江中下游、西南、华南四大优势区，65%集中在北方和长江中下游地区。北方甘蓝优势区面积约480万亩，占全国总面积的34%左右；长江中下游甘蓝优势区面积约440万亩，占全国总面积的31%左右；西南甘蓝优势区面积约220万亩，占全国总面积的15%左右；华南甘蓝优势区面积约260万亩，占全国总面积的19%左右。

二、种子市场规模

甘蓝种子主要由国内企业经营，但也有一部分国外公司的品种在国内销售。一方面是通过直接成立公司进行经销，主要有坂田种苗（苏州）有限公司、青岛黄泷种子有限公司（泷井）、荷兰必久（Bejo）种子上海实满丰种业有限公司、北京世农种苗有限公司、大连米可多公司、先正达公司等；另一方面也有国内企业从日本、韩国、荷兰等国家引进品种进行销售，如北京华耐种业有限公司、北京百幕田种苗有限公司、广东省良种引进服务公司、北京捷利亚种业有限公司、湖北九头鸟种业公司、武汉亚非种业有限公司等。受种植面积、供需关系、市场行情等影响，种子销售量和销售价格在不同年度间会有所波动。按常年种植面积1 400万亩、平均每亩用种量40克（育苗和撒播平均折合）计算，需种总量约56万千克，按商品化率96%、市场终端价1 900元/千克进行估算，种子市场规模约10.5亿元。

按照不同茬口细分种业市场规模。①保护地甘蓝：面积约150万亩，商品化率约98%，亩用种成本约60元，市场规模为0.9亿元。②春露地甘蓝：面积约500万亩，商品化率约95%，亩用种成本约60元，市场规模为2.9亿元。③夏甘蓝：面积约150万亩（主要包含高海拔越夏甘蓝、平原地区的耐热甘蓝），商品化率约95%，亩用种成本约80元，市场规模为1.2亿元。④秋甘蓝：面积约380万亩，商品化率约96%，亩用种成本约90元，市场规模为3.3亿元。⑤越冬甘蓝：面积约220万亩（含南方苗期越冬牛心春甘蓝），商品化率约95%，亩用种成本约100元，市场规模为2.2亿元。

根据全国农技中心行业基础信息统计，2019年制繁种、包装经营、代理销售甘蓝种子企业有331家，其中包装经营企业182家。企业自有包装种子销售额2.78亿元，前10名企业销售额1.31亿元，占市场总销售额的47.12%。

三、品种推广应用

（一）主导品种

近年来，甘蓝产品类型发生了重大变化，由过去扁球型、大球型逐渐发展为圆球型、小球型，播种茬口也更加多样化，实现了春夏秋冬全覆盖。小球型甘蓝，尤其是北方保护地生产出来的早春甘蓝及春露地甘蓝、高海拔越夏甘蓝，因具有品质好、生产期间打药少、适合小家庭消费、生长周期短、生产效益高等优势，深受生产者和消费者的青睐，市场前景好。根据市场调查和不完全统计，各茬口主导品种包括：①保护地甘蓝有中甘56、中甘8398、中甘11、中甘26、金宝、冬丽42等。

②春露地甘蓝及北方高海拔冷凉夏季甘蓝有中甘 21、中甘 628、中甘 828、中甘 15、中甘 27、中甘 28、邢甘 23、满月 55 等。③夏秋甘蓝有京丰一号、中甘 588、中甘 590、中甘 596、中甘 606、西园四号、秋实 1 号、嘉兰、亮球等。④越冬甘蓝（含苗越冬的牛心甘蓝）有争春、春丰、中甘 1305、中甘 1266、苏甘 27、苏甘 603、苏甘 91、春眠、春丰 007、博春等。

根据种子销售数量，依据亩用种量推算，年种植面积超过 30 万亩的甘蓝品种有京丰一号、中甘 21、中甘 628、中甘 8398、中甘 11、中甘 15、争春、春丰、西园四号等；年种植面积为 10 万~30 万亩的甘蓝品种有中甘 56、中甘 1305、中甘 828、中甘 26、邢甘 23、亮球、满月 55、奥奇娜、展望、亚非旺旺等。

（二）国外品种

国外品种以日本、韩国、荷兰等国家为主，国外品种的种植面积占我国种植面积 16% 左右。保护地甘蓝品种，美味早生、世农 200 等，约占保护地种植面积的 5%；春露地及高海拔越夏甘蓝品种，春光珠、铁头 4 号等，占春露地种植面积的 5%；夏秋甘蓝品种，强力 50、奥奇娜、前途、希望、先甘 520、先甘 097、展望、亚非丽丽、热风、格丽斯、绿球、绿冠、绿霸、佳美特等，占夏秋种植面积的 30%；越冬甘蓝（含小苗越冬类型）品种，嘉丽、寒将军、亚非丽丽、比久 1038、圆月、小天使等，占越冬品种种植面积的 30%。

国外品种在夏秋茬口、越冬茬口的占有率达到近 30%，主要是因为其抗病抗逆性强，如抗 3 种主流病害，冬季耐寒性强，地里耐存放时间长。近年来由于国内育种单位在原有品质的基础上，注重整体抗病抗逆性的提升，育成的抗病抗逆品种的推广面积呈现逐年上升的趋势，国外引进品种的种植面积呈缓慢下降的趋势。

（三）品种风险与不足

甘蓝种植风险主要有两个方面。一是未熟先期抽薹的风险，在北方地区春播、高海拔地区春夏播种、南方地区越冬茬口种植，若使用品种不当或品种的耐抽薹性不强，一旦遭遇倒春寒等气候异常，很容易造成甘蓝"未熟先期抽薹"，失去商品价值。二是病害流行的风险，在一些病害高发区，因使用品种抗性不够或当年气候非常适宜某种病害流行，很容易给种植者带来损失，如近些年发生比较严重的枯萎病、黑腐病、根肿病等。

四、品种主攻（发展）方向

绿色发展要求利用品种自身抗性、适应性、优质等特点，减少化肥、农药等使用量，从而保证农产品绿色安全和减少对环境的污染，因此要求品种抗多种病害（枯萎病、黑腐病、根肿病等）、抗逆（抗寒、耐抽薹、抗旱、耐热等）、优质（口感好、营养丰富）。

（一）抗　病

针对枯萎病、黑腐病、根肿病等病害的为害范围逐年扩大、为害程度逐年加重的趋势，育种者需要综合利用单倍体育种、分子育种等手段，结合常规育种技术，加快高抗、多抗品种选育，缩短育种周期，满足生产需求。同时进一步明确病害流行规律和各地区病原小种分化情况，提高推广抗病品种的针对性。

（二）抗　逆

近年来，异常天气频发，如早春低温、后期高温等。早春低温会对成株造成冻伤甚至冻死，在苗期、莲座期低温可能造成未熟抽薹；后期高温可能造成不结球或者叶球畸形等。针对以上异常气候带来的生产问题，应加快创制耐低温、高温、耐贫瘠、耐抽薹等抗逆性强的资源材料，建立不同逆境的鉴定体系，综合利用多种手段加速培育抗逆性好的品种。

（三）优　质

针对消费者对甘蓝品质需求的日益提高，在提升抗病抗逆性的基础上，要进一步重视品质育种，使品种不仅可以应对多种逆境和病害的胁迫与侵染，同时又可以保证具有较好的口感品质和营养品质。

黄　瓜

一、生产基本情况

我国是世界上黄瓜栽培面积最大和总产量最高的国家，栽培面积在我国设施蔬菜种植中仅次于番茄。根据农业统计资料，黄瓜种植面积相对稳定在 1 800 万亩左右（据行业调查，种植面积不足 1 000 万亩，以下分析均引用行业数据），产品主要供应国内市场消费，消费以鲜食为主，占 90% 以上。近年来，我国黄瓜生产逐步向优势产区集中，黄瓜生产的规模化、设施化和品牌化水平进一步提高，生产能力进一步增强。根据不同的地理位置及栽培习惯，大体上可以分为东北、华北、华中、华南、西南、西北六大类型种植区，60% 左右分布于华北类型种植区和华中类型种植区。按照行政区划来看，种植面积位居全国前 5 位的分别是河南、河北、山东、辽宁和江苏，产量位居全国前 5 位的分别是河北、河南、山东、辽宁和江苏。

二、种子市场规模

黄瓜种子主要由国内企业经营，经营种子的国外企业有瑞克斯旺、先正达、拜耳等。随着种苗产业的快速发展，生产者采用直播或自行育苗方式越来越少，亩用种量不断减少，对种子质量要求越来越高。由于气候、种植信息不畅等因素，不同年份不同季节黄瓜种植面积有较大变化，黄瓜价格在一年中呈现显著的 W 型波动，种子销售量和销售价格也会出现小幅波动。

按照黄瓜种植面积 1 000 万亩、亩用种量 125 克、需种量 125 万千克、商品化率 75%、种子价格 600 元/千克估算，黄瓜种子市场规模 5.6 亿元。总体来说，保护地黄瓜由于效益高，菜农对优良新品种的渴求更强烈，品种换代速度快，种子价格也明显高于露地品种。

根据全国农技中心行业基础信息统计，2019 年制繁种、包装经营、代理销售黄瓜种子企业有 584 家，其中包装经营企业 371 家。企业自有包装种子销售额 3.42 亿元，前 10 名企业销售额 2.27 亿元，占市场总销售额的 66.37%。

三、品种推广应用

我国黄瓜品种的选育工作始于 20 世纪 50 年代末，60 年代开始黄瓜种植面积逐步扩大，90 年代黄瓜种植面积迅速扩大，到 20 世纪，种植面积相对稳定，发展至今已进行了 4 次品种更新换代。第一次，以津研 4 号、津研 7 号为代表，标志着我国黄瓜抗病育种跨上了一个新台阶，实现了我国栽培黄瓜品种的大规模更新换代；第二次，20 世纪 80 年代初育成了津杂系列黄瓜品种，新品种在抗病性、早熟性、丰产性等方面有了明显提高，实现了我国黄瓜的又一次更新换代；第三次，随着我国设施农业的发展，20 世纪 90 年代初开始，育成了津春 2 号、津春 4 号、津春 5 号、中农 8 号、鲁黄瓜 10 号、龙杂黄 6 号等系列新品种，育成品种抗病性、抗逆性和商品性显著提高，实现了我国黄瓜的周年生产；第四次，21 世纪开始，育种技术和方法研究取得重要进展，先后育成以津优、德瑞特、博美、中农、绿丰为代表的系列优质专用新品种，我国黄瓜产业进入新的发展阶段。

（一）主导品种

我国黄瓜主要栽培类型包括华北型、华南型和水果型，其中华北型黄瓜为我国主要栽培类型，约占栽培总面积的 75%。当前主栽品种中，累计推广面积 50 万亩以上的品种有津优 35 号、德瑞特 721、德瑞特 Y2、中农 26 号、中农 18 号、粤秀 3 号、燕白等。推广面积超过 10 万亩的品种，华北型黄瓜如博美 805、科润 99、德瑞特 2 号、博美 8 号、博美 5032、津优 315、津优 409、中农 18 号、中农 20 号、津绿 2110、中荷 16 号、博杰 118 等，华南型黄瓜如龙园秀春、绿春、力丰、田骄 7 号等。

通过对 20 年来种植面积较大品种分析，结果表明，露地黄瓜种植面积逐步下降，保护地尤其是早春和秋冬日光温室黄瓜面积明显上升，黄瓜的栽培茬口不断丰富，市场要求进一步细化，推广品种多、系列化、专用化特征明显。市场对黄瓜商品性和抗性的要求越来越高，尤其是对深绿皮色、光泽度要求近乎苛刻。市场要求推动了黄瓜栽培品种的换代速度加快和品种数量井喷。

（二）国外品种

国外品种主要是来自以色列、荷兰的水果型黄瓜，近年来面积进一步减少，部分地区少量种植日本型黄瓜，国外品种种植面积占我国黄瓜种植总面积 1% 左右。国外公司如瑞克斯旺、先正达、拜耳等针对我国黄瓜市场开展了华北型黄瓜品种选育研究，先后推出部分品种如喜旺 108、24-922、长卡 2 号、绚丽 5 号等，目前品种优势不明显，推广面积不大，但仍是我国黄瓜种业潜在的重要对手。

我国早期的水果黄瓜主要应用以色列、荷兰的小黄瓜品种，由于种子价格高、种植面积小，难以形成规模效益。近年来我国自行选育的小黄瓜品种如京研迷你黄瓜、申绿系列黄瓜等逐步取代了国外品种。

（三）品种风险与不足

1. 品种抗病性有待进一步提升

黄瓜传统的三大主要病害为霜霉病、白粉病、枯萎病，由于抗病育种的进步、嫁接技术的普及和栽培管理水平的提高，目前已有较好的防治方法。近年来，一些次要病害逐步上升为主要病害，给黄瓜生产造成明显损失。当前保护地黄瓜栽培中靶斑病、细菌性角斑病逐步上升为主要病害，设施多年重茬栽培造成的连作障碍、根腐病等成为生产中重点关注的问题。露地黄瓜栽培中霜霉病、病毒病，以及高温障碍成为黄瓜生产主要问题。目前黄瓜抗病要求是露地品种抗 3~5 种主要病害、保护地品种抗 3~4 种主要病害，实际生产中许多品种只能达到中抗水平，抗性进一步提高及抗多种病害仍然是黄瓜育种的重要目标。

2. 单产仍然较低

丰产性一直是黄瓜育种最重要的育种目标。随着我国黄瓜种业的发展，近年来优良品种不断育成，生产条件不断改善，菜农种植水平不断提高，黄瓜单位面积产量较过去大幅上升。但与世界发达国家相比，依然有很大差距，和邻国韩国、日本相比也有明显差距。当前，我国黄瓜消费已由数量向质量转变，黄瓜品种和生产的精品化趋势越来越明显，随着我国土地面积压力的增加和农村劳动力的不断减少，提高单产和产品品质成为黄瓜生产的重点目标。

3. 加工率低

美国、荷兰等国家加工的黄瓜占栽培面积的 60% 以上，占总产量的 50% 以上，而且加工方法多样，附加价值高。受消费习惯的影响，我国生产的黄瓜绝大部分用作鲜食，加工量小，加工技术水平低，附加值不高。选育加工型品种，提升黄瓜加工水平，是推动我国农业产业发展和促进农产品出口的重要途径。

四、品种主攻（发展）方向

随着我国黄瓜种业的进一步发展和适应农业生产结构调整、消费需求的进一步提高，培育更高品质、更强抗性、特色专用等品种成为黄瓜种业发展的迫切要求。

（一）高品质

黄瓜品质主要包括：①商品品质，包括瓜条形状、瓜把长度、皮色、光泽度、棱刺瘤、畸形瓜率等。②口感品质，包括果肉质地和风味。③营养品质，包括可溶性固形物（糖）及维生素 C 含量。近年来开始关注叶酸和丙醇二酸含量。④加工品质，主要是果肉质地紧密，要有更高的腌渍出菜率。目前我国黄瓜消费和黄瓜育种中重点关注的是商品品质，随着消费水平的进一步提高，口感品质和营养品质越来越受到关注。高品质将是未来黄瓜育种研究的重要方向。

（二）多抗性

黄瓜霜霉病、白粉病、枯萎病、靶斑病、角斑病、病毒病、蔓枯病等是影响黄瓜生产的重要病害。选育兼抗多种黄瓜主要病害的新品种是提高黄瓜产量和质量、降低农药残留和维护生态健康的重要手段。经过多年攻关，黄瓜抗病育种研究取得重要进展，育成一批兼抗多种病害的黄瓜新品种；与主要病害连锁的分子标记已经被开发或者正在被开发，利用与抗病性状连锁的分子标记进行辅助育种和多抗性聚合研究取得重要进展。国家"十三五"重大专项中将黄瓜多抗适应性强品种选育作为专项之一，体现了多抗性品种选育仍然是很重要的育种方向。

（三）抗　逆

我国地域广阔，黄瓜生产覆盖全国各地并实现了周年栽培，良好的抗逆性是黄瓜育种的重要目标之一，越夏露地栽培品种要求具有良好的耐高温能力，越冬栽培品种则要求具有良好的耐低温弱光能力。此外，各主要黄瓜产区设施黄瓜连作障碍、耐盐碱和耐涝、耐干旱也是未来黄瓜抗逆育种研究的重要方向。

（四）雌性系

我国从20世纪70年代开始进行雌性系方面的研究，此后也陆续选育出部分雌性系黄瓜品种，主要集中在华南型黄瓜和小黄瓜类型。在华北型黄瓜育种研究中，雌性系的研究利用具有较大难度，尽管如此，雌性系黄瓜由于具有单株结瓜率高的优良特性，在提高品种产量、早熟性等方面具有显著优势，是黄瓜育种研究的重要方向之一。

（五）加工专用

我国目前黄瓜产品加工程度低，较欧美国家有较大差距。我国先后选育出一些加工型品种，仍不能满足加工生产需求，随着消费结构的进一步调整和农产品出口量的增加，黄瓜加工需求将会进一步增加，加强加工专用品种的选育将成为重要的育种方向之一。

（六）优质特色

适应特色产业发展和满足人们多样化需求，培育品质优良的华南型黄瓜、水果黄瓜及外向型黄瓜成为发展方向。

番　茄

一、生产基本情况

我国是番茄生产大国，近年来，番茄生产面积基本稳定在 1 600 万亩左右，其中设施番茄 900 万亩，露地 700 万亩。产品主要供应国内市场消费，消费以鲜食为主，约占 95%；加工约占 5%，主要用于番茄酱和少量番茄汁。番茄生产分布较广，一年四季均有栽培，主要优势产区有黄淮海及环渤海设施生产优势区域、北部高纬度夏秋生产优势区域、长江流域早春生产优势区域、西南冬季生产优势区域和华南番茄生产优势区域，其中黄淮海及长江流域产区占总产量的 60% 以上。

二、种子市场规模

番茄种子是全球销售额最大的蔬菜种子，也是国际上竞争最激烈的种子产业之一。我国是世界上最大的番茄种子市场，市场竞争激烈，有直接在国内注册的外资企业，如海泽拉、美国圣尼斯、先正达、纽内姆、德澳特、瑞克斯旺、安莎、泽文、法国威马、日本坂田等。也有从国外引种的企业，如酒泉众禾、酒泉东方、上海惠和、甘肃杰尼尔、北京奥立沃等。

按照种植面积估算，我国番茄种子每年用量约 16 万千克。品种种子价格相差悬殊，进口种子有的高达 15 万元/千克，国内品种价格，高的 5 万元/千克，低的仅为 5 000 元/千克。估计全国番茄种子每年销售额 30 亿元左右。

根据全国农技中心行业基础信息统计，2019 年制繁种、包装经营、代理销售番茄种子企业有 586 家，其中包装经营企业 359 家。企业自有包装种子销售额 7.82 亿元，前 10 名企业销售额 3.31 亿元，占市场总销售额的 42.33%。

三、品种推广应用

我国番茄生产有日光温室栽培、塑料棚栽培和露地栽培 3 种方式。不同栽培方式对番茄品种特性要求有所不同，因此，品种的区域分布也就不同。加之区域之间生态条件差异较大，造成相同栽培方式下，番茄生长的小气候环境不同，适宜的品种也就有所不同。生产上无论进口的还是国内育成的品种数量都较大，经营销售的公司、个体从业者更是数量众多，从而造成了番茄品种在生产上推广比较分散，呈现碎片化分布，极少有跨区域大面积推广的品种。

全国番茄生产面积，红果占 40% 左右、粉果占 55% 左右，樱桃番茄占 5% 左右。目前国内品种约占市场的 65%。近年来，新品种更新换代速度明显加快，高价位种子区块品种尤其突出，国内番茄育种进步较快，民族种业企业快速发展，我国自主育成的品种在生产中占越来越重要的地位，国产种子市场占有率越来越高，国外品种所占市场份额越来越小。例如，浙江省温州市苍南、瑞安和台州地区几万亩越冬番茄，先正达公司的"倍盈"品种，2010 年试种推广以来，至 2015 年市场占有率高达 90% 以上，仅仅经过 3 年时间，2018 年市场占有率不到 5%。

（一）国内主导品种

1. 国内鲜食大果品种

（1）种植面积大的品种：天妃九号、天赐 595、天赐 575、卓粉 1 号、吉诺比利、希唯美、天正 1567、凯德 1832、金棚一号、金棚 M6、金棚秋盛、T05、汉姆一号、巴菲特、超越 2 号。

（2）种植面积较大的品种：中杂 301、中杂 302、京番 401、京番

502、浙杂 503、浙粉 712、华番 12、东农 727、金棚 8 号、瑞星五号、博美一号、宝利源 3 号、赛丽、凯德 6810、托美多、满田 2199、百泰、优红 2513、诺盾 091。

（3）有一定种植面积的品种：奥美拉 1618、苏粉 14 号、东农 722、天妃十一号、金棚 M7、金棚 218、瑞星大宝、瑞星金盾、冠群六号、东风 199、东风 1 号、东风 4 号、富勒、华盾 736、粉贝利、德贝利、粉果二号、孚瑞加 A8、佳瑞、双飞 6 号、谷雨 227、鑫研红三号、夏强、亚蔬的'8707'、优红 1947、诺盾 071。

2. 国内樱桃番茄品种

（1）种植面积大的品种：千禧（中国台湾农友）、粉贝贝、圣桃 6 号、圣桃 T6。

（2）种植面积较大的品种：浙樱粉 1 号、西大樱粉 1 号、粉娇、粉霸。

（3）有一定种植面积的品种：金陵梦玉、沪樱 9 号、浙樱粉 3 号、春桃、碧娇、凤珠、春桃、粉贝拉、多美、丽晶 T2。

（二）国外主导品种

目前，在番茄生产集中度高、面积大的区域，跨国种业企业的种子仍然有较大的市场，国外品种市场占有率 35% 左右。大红果番茄品种，圣尼斯、先正达、瑞克斯旺等国外公司，大约占 55%；粉红果番茄品种，圣尼斯、海泽拉、纽内姆、韩国世农等国外公司，大约占 20%；樱桃番茄品种，中国台湾农友、海泽拉、日本泷井、日本坂田等公司，大约占 35%。

1. 国外鲜食大果品种

（1）种植面积大的品种：倍盈（先正达）、齐达利（先正达）、SV7845TH（圣尼斯）、SV4224TH（圣尼斯）、SV7114TH（圣尼斯）、丰收 128（吉佳）（韩国世农）、罗拉（海泽拉）、普罗旺斯（德澳特）。

（2）种植面积较大的品种：欧盾（圣尼斯）、欧贝（圣尼斯）、思贝德（先正达）、瑞菲（先正达）。

（3）有一定种植面积的品种：硕丰（海泽拉）、3689（海泽拉）、桃星（日本泷井）、传奇69-15（日本引进）、光辉101（日本坂田）。

2. 国外樱桃番茄品种

（1）种植面积大的品种：圣粉3号（圣尼斯）、黄妃（日本引进）。

（2）种植面积较大的品种：夏日阳光（海泽拉）。

（3）有一定种植面积的品种：粉娘（日本坂田）。

（三）品种风险与不足

目前番茄品种存在的最大不足是抗病强的品种品质不够好，品质好的品种抗病性差。这是由于抗病基因连锁累赘造成的，也是作物育种中普遍存在的问题。

生产上品种存在的主要风险，一是很多品种的抗逆性不够强，尤其是耐热性较弱，越夏栽培或秋季栽培存在风险。不少品种对低温弱光环境适应性较差，用于长江中下游早春栽培存在风险。二是生产上"死棵"问题突出，褪绿病毒在不少地区流行，番茄褐色皱纹果病已经开始发生，目前还没有很好的抗病品种。

四、品种主攻（发展）方向

（一）设施品种

重点在感官品质（风味、口感）上有显著突破；兼抗黄曲叶病毒、番茄花叶病毒、叶霉病、根结线虫、斑萎病、灰叶斑病、颈腐根腐病、白粉病等其中5~6种病害；对低温、弱光环境的适应性有显著增强。选育分别适合短季节和长季节栽培的品种。

（二）露地品种

在感官品质（风味、口感）上有明显的提高；兼抗黄曲叶病毒、番茄花叶病毒、根结线虫、斑萎病、灰叶斑病、白粉病等其中4~5种病害；对高温高湿环境的适应性有显著的提高。

（三）加工品种

选育出可溶性固形物、番茄红素含量，耐贮运性以及适应性均达到或超过国外最优良的品种水平。

（四）适宜轻简化栽培品种

选育节间短、侧枝发生少、主茎直立性强、无花前枝、整穗果实成熟一致性好的品种。

（五）适宜"一带一路"沿线国家生产需求的品种

除普通大果鲜食和樱桃番茄外，增加罗马型品种选育。

辣　椒

一、生产基本情况

辣椒是我国重要的蔬菜和调味品，加工产品多，产业链长，附加值高，是重要的工业原料作物，常年种植面积3 200多万亩，其中露地面积2 400多万亩，保护地面积800多万亩，是我国种植面积最大的蔬菜，栽培面积和总产量居世界首位。产品供应以国内为主，部分干椒、加工产品出口，鲜食消费占50%，加工占45%，出口占5%。种植分布在全国各地，华北、西北是我国辣椒的优势产区，华南是冬季优势产区，华北、西南是我国辣椒的主产区，面积分别约占25%、30%，产量分别约占30%、20%。华东、华中、华南种植面积各约占10%，东北、西北种植面积分别约占8%、7%，产量华东、华中、华南、东北、西北分别约占15%、10%、7%、10%、8%。

二、种子市场规模

我国辣椒生产用种95%以上是国产种子，进口种子不到5%。因此辣椒种子主要由国内企业经营，国外企业有瑞克斯旺、先正达、海泽拉、安莎、纽内姆、圣尼斯等企业。国内辣椒种子市场，受辣椒产品价格等影响，辣椒年度种植面积差距大，因此种子销售量和销售价格年度间也会出现波动。设施栽培基本为集约育苗，亩用种量约25克；露地栽培育苗亩用种量约35克，直播（多为常规种或自留种）用种量达100~150克。种子成本差异很大，估算平均国内种子成本200~300元/亩，国外种子成本 600~700 元/亩。除极少量的特色农家品种有自留种情况外，我国辣椒种子基本上都是商品化生产，商品率大于 99%。按国内品种种植面积 3 000 万亩、亩用种成本 250 元，以及国外品种种植面积 100 万亩、亩用种成本 600 元计算，辣椒种子市场规模大约 81 亿元。

根据全国农技中心行业基础信息统计，2019 年制繁种、包装、代理销售经营辣椒种子企业有 718 家，其中包装经营企业 504 家。企业自有包装种子销售额 7.04 亿元，前 10 名企业销售额 2.45 亿元，占市场总销售额的 34.80%。

三、品种推广应用

辣椒产品主要有 3 类，即鲜椒、干椒、加工椒。鲜食辣椒 1 400 万亩，加工辣椒包括干椒 1 200 万亩，鲜食加工兼用辣椒 600 万亩。

（一）主导品种

1. 加工椒品种

面积超过 10 万亩的品种主要有博辣红牛、博辣 5 号、艳椒 425、湘辣 17 号、镇研红 2 号、辛香 8 号、红安 6 号、三鹰椒、丘北辣、8819、二荆条。

2. 鲜椒品种

主要类型为薄皮泡椒、线椒、牛角椒、尖椒、螺丝椒、甜椒。面积 3 万~5 万亩的品种主要有苏椒 5 号、苏椒 1614、福湘秀丽、兴蔬 201、兴蔬 215、中椒 5 号、中椒 6 号、中椒 106、国福 910、艳椒 11 号、墨豫 5 号、飞艳、湘辣四号、镇研 838、好农 11、鼎优 8 号、潇新 15 号、龙椒 14 号、陇椒 10 号。

近些年，随着辣椒加工业的快速发展，辣椒加工产品市场会出现进一步细分化，一方面要求选育不同加工用途如酱辣椒、剁辣椒、泡辣椒、油辣椒及辣椒素、辣椒红素提取等加工专用品种；另一方面加工辣椒种植面积会快速增长，品种也随之发生相应变化。适合于加工专用的杂交品种如博辣红牛、艳椒 425、镇研红 2 号等种植面积快速增加，很快成为了主导品种，改良的 8819、三鹰椒、二金条等传统主导品种的种植面积下降较快。

随着人们生活水平的提高，高品质辣椒的市场需求越来越大，加上辣椒栽培水平的进步，生产进一步向优势产区集中，使得原来不能栽培的品质好，但产量低、抗性差的辣椒品种能够大规模种植，如抗性差、品质好的鲜食薄皮椒、螺丝椒品种；产量低、特别适合做泡椒加工的小米椒；产量低、特别适合做剁椒加工的单生朝天椒等。这些高品质的鲜食辣椒品种和特别适合做高品质加工原料的加工辣椒品种的种植面积会快速增加。

随着我国保护地辣椒栽培面积的扩大，适合保护地栽培专用品种的面积会迅速增加，如苏椒 1614、墨豫 5 号、陇椒 10 号等品种在江淮、黄淮、西北等地逐步成为主导品种。

（二）国外品种

国外优势品种以长牛角椒和彩色甜椒为主，连续结果性好，特别适于保护地栽培。在我国推广面积较大的品种有 37-74、37-94、圣保罗、喜洋洋、先红 1 号、塔兰多、黄太极、萨菲罗等，种植面积占我国辣椒保护地种植面积 15% 左右，在局部地区如山东寿光日光温室越冬长季节栽培，国外品种占 70%。

荷兰瑞克斯旺推出的牛角椒 37-74 和彩椒黄太极等品种，国外荷兰安沙的 5608、拜耳纽内姆长征 58 和圣保罗、韩国北京湖山种苗的喜洋洋等品种很快占据了我国鲜食辣椒的部分市场，但随着国内育成的长季节辣椒品种综合水平的提高，国外品种种植面积呈现缓慢下降趋势。

（三）品种风险与不足

1. 品种综合抗病性仍需提高

我国辣椒主要病害有炭疽病、疫病、CMV、TMV、白粉病、细菌性叶斑病等，主要虫害有蚜虫、粉虱、蓟马等。调查检测表明，辣椒病害种类正在增加，如 ToMMV 首次被检测到；一些病害的生理小种也在发生改变；根腐病、根结线虫病、青枯病等土传性病害正逐步加重。目前辣椒育种主要针对 CMV、TMV、炭疽病、疫病进行抗病育种，有少数品种针对细菌性斑点病（疮痂病）、青枯病进行抗病育种，仅少量品种针对细菌性叶斑病、灰霉病、PMMoV、TSWV 等进行抗病育种，需要加快新型病害的抗病育种，提前防范新病害流行造成生产损失。

2. 优良地方种质资源正逐步消失

我国辣椒生产以杂交一代品种为主，2019 年杂交一代品种占到 95%。根据"第三次全国农作物种质资源普查与收集行动"调查结果，一些品质优、但产量不高、抗病性不强、适应性不广的地方品种正逐步被杂交一代品种替代，存在消失的风险，需要专业团队进行收集、保护、研究和利用。

四、品种主攻（发展）方向

辣椒种植面积之所以排在蔬菜作物第一位，主要原因：一是消费人群大、产品用途多；二是种植茬口多、栽培方式多；三是消费和出口都呈现增长态势。因此，要满足不同种植方式、不同消费群体、不同出口的需求，未来辣椒品种培育的主攻方向为抗病抗逆、优质特色、细分专用。

（一）抗病抗逆

疫病、炭疽病、病毒病（CMV、TMV）是辣椒普发性主要病害，根腐病、根结线虫病、青枯病等土传病害，以及细菌性叶斑病、灰霉病、疮痂病、白粉病等正逐步加重，TSWV、PMMoV、ToMMV 等引起的新型病毒病扩散蔓延速度很快，造成的损失越来越大，需要培育综合抗病性强的辣椒品种是未来很长一段时间辣椒育种的主攻方向。低温、高温、盐胁迫、干旱胁迫是辣椒不同栽培方式中常见的逆境因子，需要尽快筛选相关资源，培育抗逆品种。

（二）优质特色

随着人们生活水平的不断提高，不同消费群体对辣椒不同品质提出了新的更高的需求。尽管辣椒维生素 C 含量是蔬菜中最高的，但是不同辣椒品种中维生素 C 含量差异是显著的，培育高维生素 C 含量（>150毫克/100 克）的辣椒品种需求迫切，对嗜辣人群来说培育香辣品种也非常必要。鲜食辣椒以炒菜为主，培育纤维素含量少、口感好的微辣皮薄、糯软的薄皮泡椒、螺丝椒适合大多消费者的需求。加工辣椒的大发展，要求培育特殊风味的加工辣椒品种是市场急需。辣椒具有很好的观赏性，培育不同果色、开花坐果期长的品种，满足人们观赏的需要和特色农业的展示。

（三）细分专用

辣椒栽培方式多样、产品类型更是丰富，不同的栽培方式、不同的产品需要有不同的品种支撑。日光温室越冬长季节栽培品种，耐低温性强、连续结果性好、商品果一致性好、产量高；塑料大棚春提早栽培品种，耐低温、抗病优质、高产稳产；塑料大棚秋延迟栽培品种，前期耐高温、后期耐低温，抗病性强、坐果集中，红椒鲜艳、活体保存时间长；露地鲜食品种，综合抗病性强，坐果率高，优质高产；露地干制、加工品种，综合抗病性强，辣椒素高、红色素高、高产稳产，适于机械化管理与收获。

茎瘤芥

一、生产基本情况

茎瘤芥也称榨菜,俗称青菜头,系世界三大名腌菜(涪陵榨菜、欧洲酸菜、德国甜酸甘蓝)之一"涪陵榨菜"的原料作物。中国是世界上唯一生产榨菜的国家。全国栽培面积 320 万亩,15 个省份有种植,但以长江流域的重庆、四川、浙江三省市种植生产规模最大,榨菜加工也最为集中,其面积和产量分别占全国的 75%、79%。产品主要供应国内市场消费,消费以加工成品榨菜为主,约占 85%,作鲜食蔬菜食用约占 15%。总体上,茎瘤芥生产呈现种植总面积小幅增加、单产显著提高、新产区生产规模不断扩大而传统老产区面积逐渐缩小、榨菜加工产业逐步做大做强做优等特点。

二、种子市场规模

由于茎瘤芥属特殊的区域性种植作物,特别是需要以从事农产品(青菜头)回收的榨菜精深加工企业作依托而进行生产布局和基地安排,大部分种植的品种基本上由榨菜加工企业做主,导致茎瘤芥种业还处于"起步"或"自由零散分散时期",种子的商品化率整体很低,即使在规模化种植及青菜头商品化集中度较高的地区,大面积生产所应用的茎瘤芥品种,仍以常规品种为主,农民自留种较多,种子商品化率整体不足 50%。

目前,经营茎瘤芥种子的企业共有 10 多家,年销售量 8 万千克左右，销售额 1 100 万元。主要经营企业有重庆绿满源农业科技有限公司、重庆三千种业有限公司、宁波丰登种业有限公司等。

三、品种推广应用

生产上大面积推广应用茎瘤芥品种，仍然为"川渝生态类型品种"和"江浙生态类型品种"。其中，川渝地区是绝对的茎瘤芥主产区，约占总面积的 68%；江浙地区占全国的 25.0% 左右。所有品种均为我国自主选育品种。

（一）主导品种

目前主导品种主要分为 4 个类群。

1. 杂交种

涪杂系列（涪杂 1—8 号及青晚 1 号）。其中，涪杂 2 号年推广应用面积在 60 万亩以上；涪杂 5 号年推广应用面积在 20 万亩以上；涪杂 8 号年推广应用面积在 2 万亩左右。

2. 常规良种

永安小叶、涪丰 14、华榨 1 号。其中，永安小叶年推广应用面积在 80 万亩以上；涪丰 14 年推广应用面积 5 万亩以上；华榨 1 号年推广应用面积 2 万亩左右。

3. 常规种

浙桐 1—3 号。其中，浙桐 2 号和浙桐 3 号年推广应用面积各在 2 万亩左右。

4. 甬榨 1—5 号

其中，甬榨 2 号年推广应用面积 15 万亩以上；甬榨 5 号年 3 万余亩。

（二）品种风险与不足

1. 抗病性较差

现有大面积生产上所推广应用的品种，总体抗病性较差，特别是在抗病毒病、根肿病等方面尤显突出，经常造成部分或个别茎瘤芥主产区或主要生产基地的产品大幅度减产或绝收，商品质量也大幅度降低。此外，大面积生产上特别是近年发展的新区，常发生未熟抽薹和腋芽抽生等现象，造成茎瘤芥单位面积产量大幅度下降。

2. 综合品质不高

缺乏优质高产适合鲜食和榨菜产品加工的专用优良品种（适合腌制加工的品种常因味"苦"而难作鲜食，而适合鲜食的品种不一定适合腌制加工），给茎瘤芥种植生产及榨菜产业向多元化方向发展带来了品种障碍。

3. 适应性单一

适应不同生态地区、不同熟性、不同栽培季节的品种类型很少，各主要生产区均缺乏合理的品种选择及搭配，致使在同一基地的种植及产品的收获期都很集中，影响了茎瘤芥产品的周年供应，也无法满足市民对产品的多元化消费要求，特别是不能解决榨菜精深加工企业周年生产对加工原料的平衡需要。

四、品种主攻（发展）方向

随着农业绿色发展、消费需求多样化和榨菜加工产业的快速发展，培育抗病、优质、抗逆和适宜机械化生产的茎瘤芥新品种，显得尤为迫切。

（一）抗 病

茎瘤芥病虫害经常发生，特别是病毒病、根肿病为害有逐年加重的趋势，需下大力气挖掘并创新茎瘤芥高抗病的遗传种质，进而培育出能在大面积生产上推广应用的抗病新品种，确保榨菜产业的持续健康发展。

（二）青菜头优质

培育出青菜头皮筋含量比对照（永安小叶）低20%以上、空心率比对照（永安小叶）低 10%以上的茎瘤芥新品种，满足榨菜精深加工企业对优质原料的需求，进而提高整个产业的社会经济效益。

（三）适宜机械化

传统的茎瘤芥种植生产（育苗移栽、人工砍收），费工费时，比较效益低，已成为当前乃至今后一个时期茎瘤芥种植生产必须要解决的技术瓶颈。培育出适宜机播、机栽和机收的茎瘤芥新品种，已成为亟待解决的重点首要攻关任务。

西　瓜

一、生产基本情况

西瓜是世界性栽培作物。我国是西瓜生产大国，面积和产量居世界首位，在世界种植面积十大水果中，西瓜居第五位。近10年来由于高产品种的出现及栽培技术的革新形成单产上升，全国种植面积趋于稳中有降，当前面积为2 300万亩左右，西瓜生产对于带动农民就业增收、脱贫致富及满足城乡居民生活需求具有重要意义。我国西瓜生产主要供应国内市场，以鲜食消费为主。全国各地都有种植，主要分布在华东、中南、西北、华北、东北、西南六大区域，其中70%集中在华东和中南两大产区。

二、种子市场规模

我国在西瓜种子生产上有一定影响和实力，目前西瓜生产用种95%以上是由国内科研院所与种子公司繁育、生产和经营的，经营西瓜种子的国外企业有纽内姆（中国）种子有限公司、先正达种业有限公司等，也有国内企业从日本、韩国等国外引进品种销售。国内西瓜种子市场，全部为杂交种，受气候、政策等影响，种子销售量和销售价格年度间会出现波动。按照每年全国种植面积2 300万亩、亩用种量0.05千克、需种总量115万千克、商品化率100%、种子平均价格2 000元/千克估算，西瓜种子市场规模23亿元左右。除满足国内市场外，部分种子出口到马来西亚、泰国、缅甸、越南、澳大利亚、印度尼西亚等国家，以东南亚国家为主。

根据全国农技中心行业基础信息统计,2019 年制繁种、包装经营、代理销售西瓜种子企业有 554 家,其中包装经营企业 340 家。企业自有包装种子销售额 5.04 亿元,前 10 名企业销售额 2.11 亿元,占市场总销售额的 41.86%。

三、品种推广应用

(一) 主导品种

为适应不同消费者群体以及不同地理生态条件和栽培方式,西瓜品种选育出现多样化,按照商品性分为小果型、中果型、大果型、特色西瓜、三倍体无籽西瓜、易位少籽西瓜、功能性西瓜、籽用西瓜,按照熟性分为早中熟、中晚熟品种类型。

早熟、高品质小型西瓜品种主要有京颖、京美 2K、L600(国外品种)、超越梦想、早春红玉、黑美人,该类型品种糖度高,口感好,适合保护地早春栽培,主要供应大中城市高档消费及观光采摘。

早中熟品种是目前我国设施栽培西瓜的主要栽培类型,这一类型西瓜以花皮圆瓜为主,不同地区品种不同,代表品种主要有 8424、京欣、京美 8K、华欣、中蜜 1 号、美都、甜王、麒麟、大果黑美人、小玉 8 号、郑抗 2 号、郑抗 3 号、双星等,该类型品种主要优点是抗裂、高糖、耐运输,在早春保护地条件下通过嫁接栽培仍然保持高品质,供应全国大中城市初夏—盛夏期的消费。

中晚熟类型具有耐裂、高产、抗病、耐贮运等特点,适合全国露地种植与长距离运输,主要供应全国 8—10 月的消费。主要类型仍以西农 8 号类型为主体,近些年金城 5 号、庆发 8 号、农科大 6 号、金花 1 号、陕抗 9 号、大果 182、林丰 666、陇抗 9 号、沙漠 1 号等品种栽培面积逐步上升。

三倍体无籽西瓜实用方便,抗逆性强,品质好,产量高,以露地和设施栽培为主，品种主要有冰花无籽、郑抗无籽 1 号、雪峰花皮、洞庭 1 号、津蜜、宝威、凯卓立、新一号等。黄皮、黄肉无籽西瓜品种金太阳、红太阳、金丽、洞庭 3 号、郑抗无籽 4 号西瓜新品种受到消费者的欢迎。小型无籽西瓜品种主要有蜜童、墨童、京玲、京珑等，但栽培面积有限。

易位少籽西瓜，诸如黑鲨、少籽甜王等新品种，越来越受到消费者青睐。高番茄红素、高瓜氨酸等功能性西瓜品种京彩 1 号、莱卡红无籽、红伟无籽、金兰无籽等逐步被消费者接受。京彩 1 号、小兰、黄小玉、中彩 1 号、彩虹西瓜等黄肉和红黄肉小型特色西瓜品种逐步被消费者接受。

籽用西瓜分黑籽瓜和红籽瓜两种，目前黑籽瓜推广面积比较大的品种有兰州大板 1 号、兰州大板 2 号、新籽瓜 1 号、新籽瓜 2 号、黑丰 1 号、甘农大板 1 号、靖远大板 1 号、靖远大板 2 号，以及食用籽瓜品种甜籽 1 号、林籽 1 号、丰农 1 号、红秀 1 号。红籽瓜主栽品种多为地方品种，有平罗红瓜子、信丰红瓜子、道州红瓜子、含山红瓜子等品系。

通过统计分析 2013—2018 年主要西瓜品种种植面积，可以看出我国西瓜早春保护地栽培面积逐年扩大，品种更新周期越来越短，含糖量高、口感脆、更耐储运的高品质小果型品种市场占有率逐年提高，已发展成为大城市郊区观光采摘和高端特色农业的主栽西瓜品种。保护地早中熟品种类型中，甜王类型发展较快，因其抗裂、高糖、耐运输，有逐步替代上一代类型的趋势。受集中上市等因素影响，农产品价格易发生波动，露地中晚熟西瓜种植面积近些年徘徊不前，局部面积萎缩，产品类型少，西农八号改良型金城五号逐步发展成为主栽品种。三倍体无籽西瓜受激素无籽西瓜的冲击，面积有些萎缩，但西瓜栽培新区和秋季栽培三倍体无籽西瓜面积逐步增加。少籽西瓜面积也逐步提高。籽用西瓜面积受消费影响，有下降的趋势。

（二）国外品种

西瓜品种以国产为主，国外品种进入中国市场的时间不长，但影响力却逐步增加。近几年引进的国外品种以高品质特色中小果早熟类型为主，如日本秋原公司的 L600，日本井田公司的全美 2K、全美 4K，先正达公司的绿裳等，占早熟品种栽培面积的 60% 以上；早中熟品种，主要引进韩国的甜王、速丽类型，占该类型品种的 30% 左右；中晚熟品种类型国外引进很少。三倍体无籽西瓜主要引进先正达公司的小果型类型，但整体推广面积不大，无籽西瓜以国产品种为主。

近几年，国外引进品种如 L600、甜王等类型，因其品质优良，如极耐贮运、糖度高、口感好，在我国早春保护地栽培中面积增加较快，逐渐发展成为主栽品种，但整体对我国民族种业冲击不大。

（三）品种风险与不足

由于许多地区进行嫁接栽培，因此我国西瓜育种主要侧重于产量、外观和品质，忽视了对品种抗枯萎病等选择。市场上主推的品种抗病性较为单一，缺乏抗多种病害的聚合品种。同时，耐低温弱光、耐热、耐盐的品种缺乏，还缺少抗细菌性果斑病、抗根结线虫品种。在今后的育种研究中应更加重视品种的抗性和适应性选择，通过品种自身的优势抵御生物和非生物胁迫，提高品种抵抗风险的潜能。

四、品种主攻（发展）方向

（一）优质特色

西瓜育种的方向应紧紧围绕生产和市场多元化消费需要，在保障高产的前提下，培育能够满足消费者需求的高品质西瓜是西瓜育种的重要方向，丰产性好、品质优良是西瓜育种的先导；西瓜含有大量有益于人类健康的营养成分，高番茄红素、高瓜氨酸、高维生素 C、酸味西瓜等，在保证优质的前提下，功能性西瓜品种，也是西瓜育种的主要目标。

（二）抗病耐逆

优质多抗适应性强是西瓜育种的主要目标，在保证优质的前提下，进行多抗性选育。在育种技术方面，需加强前沿生物技术研发，完善分子标记辅助选择技术体系，通过种子或幼苗时期大通量标记筛选，结合田间杂交选育有效聚合高糖、耐裂、抗枯萎病、病毒病、炭疽病、白粉病、霜霉病、蔓枯病、果斑病，以及耐低温弱光、耐盐、抗虫等优良等位基因，以减少农药使用，培育耐冷、耐盐、耐热、抗旱等适合不同生态区域的精品西瓜品种。

（三）适合简约化、机械化生产

在西瓜规模化生产中，节本提质增效是未来产业发展方向，需尽快繁育出适合简约化栽培、机械化生产的品种，通过培育少杈、水肥利用率高、适于简约栽培的品种，实现降低劳动力成本和农资成本，适应未来的机械化、简约化栽培生产模式。

甜　瓜

一、生产基本情况

甜瓜是世界十大水果之一，种植面积居第九位。我国是甜瓜生产大国，面积和产量居世界首位，占世界总面积的45%以上，产量占50%左右。近10年我国甜瓜种植面积、单产总体保持稳中有升，生产面积稳定在750万亩左右，对于带动农民就业增收、脱贫致富及满足城乡居民生活需求具有重要意义。我国生产的甜瓜主要供应国内市场，以鲜食消费为主。全国各地都有种植甜瓜，主要分布在华东、中南、西北、华北、东北、西南六大区域，按照全国生产力要素来布局甜瓜生产已经形成五大优势产区，包括西北（夏秋）厚皮甜瓜优势产区、黄淮海（春夏）厚皮与薄皮甜瓜优势产区、东北（夏秋）薄皮甜瓜优势产区、华南（冬春）厚皮甜瓜优势产区、长江流域（夏季）厚皮与薄皮甜瓜优势产区，70%集中在西北、东北、黄淮海三大产区。目前甜瓜优势产区的集中度与生产主体的种植规模越来越大，仅次于西瓜与黄瓜面积，不断提升的产业竞争力，将对甜瓜新品种提出更高更新的要求，也必将促进我国甜瓜种业竞争力的提升。

二、种子市场规模

我国甜瓜种业有实力，国内市场主要由国内企业经营占据，主要国外企业有圣尼斯、拜耳、坂田、泷井、瑞克斯旺、利马格兰、必久、先正达，中国台湾企业有台湾农友等，也有国内企业从日本、美国、韩国等国外引进品种销售，如上海惠和等种子公司。国内甜瓜种子市场，受国内经济、商品瓜价格等影响，种子销售量和销售价格年度间会出现波动。按甜瓜常年种植面积 750 万亩、亩平均用种量 0.075 千克、需种总量 56 万千克、商品化率 95% 以上、种子均价 3 000 元/千克估算，商品种市场规模 16.0 亿元左右。

根据全国农技中心行业基础信息统计，2019 年制繁种、包装经营、代理销售甜瓜种子企业有 392 家，其中包装经营企业近 262 家。企业自有包装种子销售额 2.68 亿元，前 10 名企业销售额 1.51 亿元，占市场总销售额的 56.34%。

三、品种推广应用

（一）主导品种

甜瓜主要分为 5 种类型，薄皮、哈密瓜类厚皮、光皮类厚皮、网纹类厚皮、中间类型。各类型主导品种如下。

1. 薄皮甜瓜

肉质脆、糖度高，露地栽培主要集中在东北地区、内蒙古东部、河北、山西，种植品种以龙甜系列、齐甜系列、香瑞系列、泽甜系列、甜妃、甜王等为主；近年来大棚、日光温室栽培面积增长迅速，种植品种以博洋 9 号为代表的博洋系列及绿宝、星甜、花蕾等为主，主要集中在河北、山东、河南等地；羊角蜜为地方品种，具有产量高、肉质脆等特点，在河北、山东、河南、安徽等地大面积种植；堪甜系列甜瓜，绿皮甜宝类型，果皮深绿色，在辽宁、山东、河北等地种植。

2. 哈密瓜类厚皮甜瓜

露地栽培主要集中在新疆、甘肃、宁夏、内蒙古西部，种植品种以西州密 25 号、西州密 17 号、金蜜 3 号、小青花、黄皮、86-1、卡拉库赛、比谢克沁、库克拜热、超早丰、早黄蜜等为主。大棚栽培在全国主产区都有，种植品种以西州密 25 号、西州密 17 号、金香玉、耀珑 25 号等为主，该品种适应性好、早熟、肉质脆、品质好，成为在全国各地都可种植的哈密瓜品种，对新疆哈密瓜"南移东进"具有引领性作用。

3. 光皮类厚皮甜瓜

主要在山东、河南、陕西、安徽、江苏、浙江等地大棚栽培，种植品种主要有久红瑞、瑞红、玉菇、东方蜜等。

4. 网纹类厚皮甜瓜

这类品种种植面积较小，在全国保护地主产区有零星种植，种植品种主要有美浓、口口蜜等。

5. 中间类型甜瓜

这类品种在黄淮平原到长江中下游地区种植面积较大，近年来有萎缩的趋势，以小拱棚和露地种植为主，也有大棚种植，种植品种主要有中甜1号、丰甜1号、翠玉、脆梨等。

近年来甜瓜栽培品种变化比较迅速，主要表现在设施内栽培品种结构的变化，薄皮甜瓜种植面积和设施栽培面积逐年上升，早熟、优质类品种面积增加。在主导品种中，早熟、脆甜优质，适宜东部地区设施栽培的哈密瓜类品种比重加大；十年前设施种植的甜瓜品种以光皮类厚皮甜瓜为主，现在以西州密25、西州密17为代表的哈密瓜类型的厚皮甜瓜和以博洋9号类型为代表的薄皮甜瓜品种已经成为设施甜瓜栽培的主要品种。

（二）国外品种

我国甜瓜生产用种绝大部分品种为国产品种，国外品种很少，市场占有率很低，国外品种市场占有率不足1%，主要以日本网纹类甜瓜为主，此类甜瓜抗性较强，果肉以软肉为主，口感好、糖度高，属于高档礼品瓜，国外品种及栽培面积一直比较稳定。总体上，由于国内甜瓜育成品种整体抗病耐逆性和综合品质的提升，国外引进品种种植面积呈缓慢下降的趋势。

（三）品种风险与不足

1. 国内优质特色品种缺乏

甜瓜特色品种发展缓慢，市场上仍旧以传统哈密瓜类型为主，品种多样，但是类型单一。在外观、特殊口感、独特风味品质、维生素、瓜氨酸、叶酸及烟酸的含量等方面欠缺。

2. 抗病抗逆品种缺乏

病毒病、霜霉病和蔓枯病是目前影响甜瓜生产的主要病害，其中病毒病危害最大，生产上没有对病毒病有抗性的品种，新育成的品种整体上对病毒病没有抗性或抗性较弱。生产上还未发现对霜霉病和蔓枯病明显抗性的品种。早春冷害冻害频发，甜瓜是喜光和喜热作物，主栽品种整体上不耐弱光，对温度敏感。

3. 适合简约化、机械化栽培和绿色生产的品种少

随着绿色农业发展，急需抗病耐逆性强、水肥利用效率高的资源节约型品种。当前主栽品种总体上耐逆能力差，病毒病、冷害弱光造成的生产损失和投入成本逐年增加，急需选育可以减少资源消耗和化肥农药使用，以及适合绿色栽培技术的绿色品种。

四、品种主攻（发展）方向

（一）优质、丰产、适应性强

针对不同栽培季节、不同栽培方式、不同栽培类型的需要，培育适应性强、丰产性好、品质优良，抗主要流行病害，综合水平优于或相当于国外同类品种的新品种。随着设施园艺的发展，急需适合保护地栽培的专用甜瓜品种，育种目标是抗病性强、品质优、耐低温、耐湿、耐弱光。

（二）营养强化和加工专用

提高甜瓜产品的质量，包括外观质量，风味品质，维生素、叶酸及

烟酸的含量，提高耐贮运性和延长货架期，以及适宜加工产品（制酒、制干、制汁等），提高产品的附加值。

（三）适合简约化、机械化生产

选育适宜机械化定植（播种）、栽培管理省工省力的品种。

果　树

苹　果

一、生产基本情况

苹果是世界上重要的温带落叶果树之一，栽培历史悠久，目前世界苹果栽培面积稳定在 7 500 万亩，总产量约 7 600 万吨。我国是世界上最大的苹果生产国和消费国，现有苹果栽培面积 3 000 余万亩，产量 4 100 余万吨，生产和消费规模均占全球 50% 以上。我国苹果消费中鲜食消费占总量的 95% 左右，剩余 5% 为加工消费。我国苹果种植分布主要集中在环渤海湾（辽宁、山东、河北）、西北黄土高原（山西、甘肃、陕西、河南）、黄河故道（豫东、鲁西南、苏北和皖北）、西南冷凉高地（四川、云南、贵州）、东北寒地产区以及新疆等 6 个地区。其中，西北地区苹果栽培面积占全国 2/3。陕西以 1 100 万亩、1 100 万吨成为中国苹果栽培面积最大、产量最多的省份。

二、种苗市场规模

苹果苗木企业主要分布于陕西、山东，其次是河北、辽宁、山西和河南等地。现有苹果苗木企业 100 余家，其中年产 100 万株的大型苗木企业有 13 个。从目前市场来看，国内优质苗木供应产能较高，近年来已不再进口国外苗木。我国苹果苗木发展具有区域集中的特点，苗木总面积、总产量、调运量呈逐年上升趋势。苗木主要包括矮化中间砧苗、矮化自根砧苗和 2 年生乔化苗。目前已经形成年出圃 4 000 万株砧木苗和 1 500 万株成品自根苗的能力。据估计，我国苹果苗木总面积 4.8 万亩，苗木年产量约为 1.5 亿~2 亿株，年销售额约 35 亿元。

三、品种推广应用

（一）主导品种

从主栽品种发展结构上看，富士系苹果发展面积约 2 000 万亩，约占全国 70%，其他类型品种均不足 10%。近年来，引进的品种蜜脆、粉红女士、维纳斯黄金等也有发展。我国自育品种仅金红、寒富、秦冠 3 个品种发展面积超过 100 万亩。

在砧木种类方面，各区域根据立地条件逐步形成各具特色的适宜砧木布局。目前新发展果园仍以乔化栽培为主，约占新发展果园的 75%，矮化中间砧和矮化自根砧果园占 25%。实生砧木主要是八楞海棠、平邑甜茶和烟台沙果等；矮化砧木有 M26 中间砧、SH 中间砧、M9 自根砧和 T337 自根砧。

（二）国外品种

目前，我国各苹果主产区主栽品种 75% 以上引自国外，如富士系、元帅系、嘎拉系、乔纳金系、津轻系等。我国自育苹果品种虽数量多，但在生产中所占比例不足 25%。

（三）品种风险与不足

1. 品种结构类型单一

生产中主要种植品种为富士系（不同系号、长枝或短枝型）、金冠系（金冠、王林）、元帅系（红星、新红星短枝型）、乔纳金系列和传统国光系列。其中富士系占种植面积的 70% 左右，国光 5% 左右，其次是元帅系、金冠类，主要为授粉品种。富士系苹果比例过大，不仅影响中晚熟品种的发展，也影响了富士系苹果的效益和销售。

2. 品种抗逆性差

富士苹果抗寒性相对较差，冬季寒冷地区栽植富士会由于冻害严重导致腐烂病暴发为害。水肥条件较差的栽培区域，富士苹果（尤其是长枝品种）枝干轮纹病相对较重。红星苹果最易感斑点落叶病，其次为金冠等品种。嘎拉、金冠、乔纳金极易感苹果炭疽叶枯病。

四、品种主攻（发展）方向

（一）抗逆优质

选育省工省力的优质品种、适应各苹果主产区的矮化砧木，完成自育砧木对品种的致矮、早果丰产、抗逆及影响品种品质的机理机制相关研究。加快现有早、中熟品种选育与推广力度，增加中晚熟品种类型。

（二）多元化

以品质优良、抗逆性强、栽培性状好为育种目标，以杂交育种、芽变选种结合生物技术等手段，加强培育适应国际市场需要多元化新品种。

（三）配套机艺

研究优质苹果苗木繁育全程机械化管理技术，研发省力配套机械，加大苹果苗木植物工厂、智能贮藏运输专用装备的研发力度。

柑　橘

一、生产基本情况

柑橘是世界第一大果树，全球柑橘种植面积超过 1.45 亿亩，年产量达 1.5 亿吨（FAO 数据）。柑橘资源丰富、种类繁多，生产上栽培的主要类型有甜橙、宽皮柑橘、柚、柠檬和金柑等。我国是柑橘生产大国，柑橘种植面积超过 4 000 万亩，占全国水果种植面积的 20%，产量 4 138 万吨，种植面积和产量均位居全球之首。柑橘在满足人们生活健康需求、增加劳动就业、提高农民收入、保护生态环境等方面起着重要作用。我国柑橘消费一般以鲜果消费为主，占总产量的 80% 以上，主要是国内销售，其出口比重很小，不到 4%。目前广西、湖南、广东、湖北、江西、四川、福建、重庆和浙江等省区市是我国主要柑橘栽培区，云南由于得天独厚的气候优势，柑橘业处于迅猛发展态势，我国柑橘宽皮柑橘类品种处于主导地位。

二、种苗市场规模

柑橘种苗的经营模式由农民自繁自育逐渐向企业规模生产转变，育苗方式由露地育苗逐步向容器育苗方向转变，育苗技术包括基质配方、采穗圃建设等方面都取得了长足进步。现在，全国柑橘种苗生产量稳定在 1.2 亿~1.5 亿株，形成了一个年销售额超过 10 亿元的种业。柑橘育苗企业数量增长很快，现有 200 余家。柑橘种苗企业销售额上千万元的规模企业 33 家，年出苗量都在 100 万株以上。其中，江西友华农业科技发展有限公司和重庆奔象果业有限公司两家企业种苗年销售额超过 5 000 万元。

三、品种推广应用

（一）主要品种群

我国柑橘品种结构中，宽皮橘种植面积约占 67%，甜橙约占 18%，柚及柠檬种植比例约为 6%，其他柑橘占 9%。其中宽皮柑橘主栽类型有温州蜜柑、椪柑、砂糖橘、南丰蜜橘等。我国主要推广的品种群包括温州蜜柑类、椪柑类及脐橙类、蜜柚类。近十年，优质杂柑品种得到了大面积发展，我国柑橘品种特色化、多样化程度进一步提升，品种结构得到了进一步优化，目前我国柑橘通过品种优化、结构调整及推广完熟栽培技术、设施栽培技术和利用小气候，已经可达到周年鲜果供应。

温州蜜柑早结丰产性好、耐粗放管理、适应性强、抗寒、耐贮藏，有特早熟（大分、国庆 1 号、宫本等）、早熟（宫川、兴津）、中熟（尾张等）品种系列。主产区分布在浙江、湖南、湖北和四川等地，栽培面积接近 1 000 万亩。

椪柑由于肉脆风味浓郁，很受我国消费者喜爱，特别是无核、大果系品种的选育，市场认可度高，曾经是我国第二大栽培柑橘品种类型、第一大柑橘出口品种类型。近年来，由于我国品种类型更加丰富，而椪柑刚采摘时味道偏酸需要后熟，椪柑在市场上的份额越来越低，效益不高，面积处于萎缩状态。主产区为湖北、湖南、浙江等地，椪柑类面积超过 300 万亩。

砂糖橘是地方特色品种，其果肉细嫩、汁多味浓甜，易剥皮深受消费者喜爱，近年来在我国发展速度很快，面积超过 350 万亩，主产于广东、广西。但是，由于砂糖橘耐贮运性稍差，很难成为出口品种。此外，砂糖橘上市期正好处于元旦、春节期，一方面利好，销量大，但另一方面也会受冬季寒潮、冰冻天气和冬季呼吸传染病的影响。近年来，由于面积过大，效益处于下滑趋势。

沃柑为晚熟杂柑品种，汁多味浓，果肉细脆化渣，耐贮运、耐粗放管理，综合性状优良，具备作为一个主推品种的特性，近几年发展非常快，不到 7 年时间面积从零发展到 180 多万亩，但种子多是其不足，以两广地区种植为主。

脐橙类是我国近年效益最稳定的品种类型，随着我国消费者对鲜榨橙汁日渐追捧，脐橙类品种效益在一定时期还将稳定，目前我国脐橙种植面积超过 500 万亩。

我国柚类面积约 450 万亩，其中红心蜜柚与白肉蜜柚面积约 250 万亩，由于栽植面积过大，且蜜柚果肉粒现象明显，近年效益明显下滑。

（二）国外品种

对我国主栽的柑橘品种进行统计，按其最初来自国内与国外划分，约一半的品种类型来自国外，如温州蜜柑类、脐橙类，以及现在比较"火"的杂柑类（沃柑、爱媛 28 号、不知火等）。另外一半是我国自主选育的优良品种，如椪柑、南丰蜜橘、砂糖橘、金秋砂糖橘、早红脐橙、青秋脐橙、琯溪蜜柚、沙田柚等。按类别，柚类、金柑、橘类大多为我国自主选育的品种，橙类中我国选育的品种有冰糖橙、红江橙等。柑类和杂柑有较大比例是引进品种。

（三）品种风险与不足

影响柑橘产业的病害主要是黄龙病。近几年，广西、云南柑橘产业扩张速度过快，无病毒苗木跟不上，黄龙病在这些产区潜在暴发的隐患严重；广东、福建等部分产区由于比较效益下滑，大面积果园由于失管，为黄龙病传播提供了温床；江西抚州、浙江丽水等产区由于气候变暖，成为潜在危险区。

四、品种主攻（发展）方向

（一）抗 病

柑橘黄龙病、溃疡病是我国柑橘产业危害最为严重的检疫性病害，每年给我国柑橘产业带来上百亿元的损失，尚没有有效的防治方法，生产上急需抗病新品种。由于缺乏抗病种质资源，抗黄龙病和溃疡病柑橘育种进展缓慢，至今仅仅通过分子育种等途径获得了一些抗病中间材料。通过对抗黄龙病、溃疡病柑橘近缘属种质资源和地方品种的挖掘，创制和培育抗黄龙病、溃疡病的新材料和新品种，保障我国柑橘产业健康稳定发展。

（二）无籽特色

目前，我国在西江流域发展了 100 多万亩的晚熟宽皮柑橘，基本上是有籽品种，与市场消费者对优质果品的需求还有差距，选育无籽品种前景广阔。此外，培育一些具有特殊性状的功能性品种，也是下一步柑橘育种的方向，如低糖果味浓的柚子、脐橙品种满足糖尿病人的需求；还可培育和筛选用于制药或加工茶饮的品种，如富含类黄酮的品种。

香　蕉

一、生产基本情况

香蕉是热带、亚热带地区最重要的水果之一。全球共有约 130 个国家（地区）种植香蕉，为全世界约 4 亿人提供食物和收入来源。我国是世界香蕉生产和消费大国，栽培面积和总产量约为 550 万亩和 1 200 万吨，位居世界第五和第二，产值超过 300 亿元，为我国热带亚热带地区的农业支柱产业之一。国内香蕉消费量约 1 500 万吨，净进口及边贸进口合计 300 万吨以上。香蕉主要分为鲜食蕉和煮食两大类，我国基本上仅生产鲜食类香蕉。种植主要分布在广东、广西、云南、海南和福建等省区，其中广东香蕉种植面积约占全国的 32%、广西占 26%，云南占 25%，海南占 10%，福建占 7%。

二、种苗市场规模

在香蕉生产中，有 90% 以上的香蕉种植需要繁育组培苗。近年来由于病虫害威胁、香蕉生产效益驱动、地方政策支持等多重影响，每年香蕉更新及新开垦面积一般在 75 万~150 万亩，需香蕉种苗 1 亿~2 亿株，而每年我国香蕉种苗生产也基本维持在这个水平，种苗年销售额 2.5 亿元。

国内各香蕉主产区均有一定规模的种苗（一级苗）生产企业，广西有 4 家企业每年生产种苗约 1 亿株，约占我国香蕉种苗生产量的 70%。广东、海南、云南和福建均有种苗企业或基地，但规模较小。种苗主要经营企业及生产情况如下：广西美泉新农业科技有限公司，4 000 万株；广西植物组培有限公司，3 000 万株；广西香丰种苗有限公司，3 000 万株；南宁泰丰植物组培繁育基地，1 000 万株；广东中昇种业有限公司，2 000 万株；热作两院种苗组培中心，800 万株；海南蓝翔联农科技开发有限公司，400 万株；其他种苗企业生产约 1 200 万株。

三、品种推广应用

当前，我国香蕉品种主要分四类，香牙蕉、粉蕉、贡蕉、大蕉，香牙蕉种植面积约 86%，粉蕉约 12%、贡蕉和大蕉约 2%。

（一）主栽品种

香牙蕉品种较多，包括巴西蕉、威廉斯、8818、桂蕉 6 号、桂蕉 1 号、中蕉 2 号、中蕉 8 号、中蕉 4 号、宝岛蕉等。在 2010 年前，巴西蕉（1989 年从澳大利亚引进）、威廉斯（1985 年从澳大利亚引进）等香蕉品种占据整个香蕉市场的绝大部分。但之后由于香蕉枯萎病的暴发和蔓延，一些抗病品种市场占比逐步上升。

目前，香牙蕉中桂蕉 6 号（威廉斯 B6）占比 41%、巴西蕉 29%、桂蕉 1 号（特威）19%、其他（中蕉 2 号、中蕉 8 号、中蕉 4 号、宝岛蕉、农科 1 号、天宝蕉、漳蕉 8 号、威廉斯 8818、南天黄等）11%。

（二）国外品种

我国香蕉产区引进的品种主要包括巴西蕉、威廉斯、宝岛蕉等，这些品种引进时间已近 30 年，市场占有率 53%，对促进我国香蕉产业的发展发挥了重要作用。主栽品种介绍如下。

1. 巴西蕉

主要种植区域为海南、广东、云南等产区，种植面积（含宿根苗）在 160 万亩以上。

2. 威廉斯（8818、桂蕉 6 号和桂蕉 1 号）

主要种植区域为广西、云南等地，种植面积（含宿根苗）在 230 万亩以上。

3. 宝岛蕉等抗病品种

主要种植区域为广东、海南、云南等产区，种植面积在 50 万亩左右。

4. 其他品种（如粉蕉、皇帝蕉等）

主要种植区域为海南、广东、云南、广西、福建、贵州等产区，种植面积在 60 万亩左右。

当前，我国自主选育的中蕉系列等广适抗病品种未来发展潜力较大，美食蕉、粤蕉系列等加工专用品种，正逐步推广应用。

（三）品种风险与不足

香蕉枯萎病对我国整个香蕉产区仍然是主要挑战。香蕉细菌性软腐病、鞘腐病、香蕉叶斑病、香蕉束顶病，以及花叶心腐病、象甲、线虫等病虫害在一些产区对产量造成较大损失。自然灾害如台风、寒害等也造成一定损失。

此外，我国香蕉品种趋同性高，难以满足不同生态条件和不同市场选择的需要；品种结构中鲜食蕉比重较大，特色新品种缺乏，产品加工业薄弱及副产物综合利用不足，难以满足香蕉产业转型升级、高值化利用的需要。

四、品种主攻（发展）方向

根据当前我国香蕉产业面临的实际问题和产业发展需要，创制一批优质（果实品质优、果品外观和商品性好）、丰产（株型结构好、光合性能好）、矮化（相对传统香蕉株高偏矮、抗风性好）、抗耐病（枯萎病、叶斑病、细菌性枯萎病、鞘腐病、软腐病、线虫）、抗逆（抗旱、耐寒）、功能性成分含量高（抗性淀粉、类胡萝卜素、类黄酮）、耐贮运（后熟慢、货架期长）的香蕉优异新种质和新品种。此外，培育和推广种植特色蕉和加工类型香蕉品种，为香蕉转型升级、高值化利用奠定品种基础。

梨

一、生产基本情况

梨是世界性的果树，全球共有 76 个国家和地区从事梨树的商业生产（FAOSTST，2018）。我国是世界第一产梨大国，面积与产量仅次于苹果、柑橘。我国梨种植总面积 1 400 余万亩，产量约 1 600 万吨，约占世界总产量的 2/3，出口量 40 余万吨，约占世界总出口量的 1/6，栽培品种涵盖了白梨、砂梨、秋子梨、新疆梨和西洋梨 5 个品种，在世界梨产业发展中占有举足轻重的位置，也是助推我国农业供给侧结构性改革、产业精准扶贫的重要树种。

我国梨树资源丰富，南北方多地普遍适栽，现已形成四大产区，即环渤海秋子梨、白梨产区，西部地区白梨产区，黄河故道白梨、砂梨产区，长江流域砂梨产区。河北省是我国产梨第一大省（占全国 20% 以上），山东、安徽、四川、辽宁、河南、陕西、江苏、湖北、新疆等省区也大量种植。

二、种苗市场规模

我国生产用梨种苗（包括品种接穗）均由国内生产商提供，梨苗木产业的发展基本是市场调节，特别是近年来梨鲜果价格稳中有升，新品种的不断推出，苗木企业的规模和数量均有不同程度的增加。据对我国 100 余家梨苗木企业初步统计，2018 年企业注册资金（合计）已达 2 亿元以上。其中 500 万元以上企业 18 家；据估算，2018 年全国采收砧木种子约 3 万千克，接穗约 600 万根，繁育梨苗达 3 000 万株以上，销售额超过 1.5 亿元。我国梨苗木生产成本因规模、管理水平而有较大差异。近年来梨苗生产成本 2 元/株（接穗自给情况下，灾害天气除外）左右，市场销售价格（批发价）在 2.5~5 元/株，新品种（系）的价格往往较高，市场销售价格（批发价）在 5~10 元/株，甚至更高。主要特点是新品种与老品种苗木价格差进一步拉大，新品种价格一般是老品种的 2 倍以上，高的达到 5 倍以上。但不同地区苗价差异很大。总体上是湖北、安徽、浙江等地苗价较低，上海、江苏等地苗价较高。

育苗能力较强企业主要分布在河北、山东、安徽、四川、河南、浙江等地，有专业育苗的村镇，育苗基地很集中，成为全国梨苗的重要产地。如河北省的昌黎县、深州市，河南省的武陟县、武钢县、鲁山县、南阳市，山西省的永济市、绛县、太谷县等，山东的泰安市、临沂市等。我国梨苗木企业性质国有或集体企业占比较少，约 9.17%，且部分企业也正在转型。经过多年的市场化运作，种苗以次充好，品种混杂的现象明显减少。在 100 余家统计的企业中，销售的主打品种主要集中在原有的优势品种及新育成的综合性状优良品种。

三、品种推广应用

20 世纪 50 年代起，我国开始有计划、系统、科学地开展梨品种选育工作。截至 2018 年，我国相继育成了早酥、翠冠、黄冠、玉露香等为代表的不同系统、不同熟期、独具特色栽培梨品种 321 个，其中通过审（认、鉴）定、登记、备案的 213 个。为我国各梨主产区品种更新换代和梨产业可持续发展提供了种源保障。

（一）主导品种

据中国农业科学院郑州果树所统计，生产上主栽品种除原有的砀山酥梨、鸭梨、苹果梨等重要地方品种外，主要是我国育成的早酥、翠冠、黄冠、黄花、玉露香、新梨 7 号、翠玉、苏翠一号、红香酥等。如翠冠、黄冠是分别适合我国南、北梨产区的主栽品种，种植面积均超过100万亩，分别占全国梨总栽培面积的7%和8%，极大地推动了我国梨产业转型升级；玉露香成为山西省隰县脱贫致富的重要品种。

南方省份以早熟梨为主，北方及西部产区以中晚熟品种为主。早熟品种（20%）：翠冠梨约占7.0%、早酥约占4.0%，中梨1号约占3.0%、翠玉约占1.5%、其他品种约占4.5%。中熟品种（27%）：黄冠梨占8.0%、丰水梨占3.0%、黄花梨占3.5%、新梨7号占1.0%，其他品种约占11.5%。晚熟品种（53%）：砀山酥梨占16.0%、鸭梨占12.0%、库尔勒香梨占5.0%、南果梨占5.0%，苹果梨占4.0%、玉露香占2.0%、红香酥占2.0%、金花梨占2.0%、雪花梨占1%、苍溪雪梨占1.0%、其他品种占3.0%。

（二）国外品种

我国栽培的梨品种自育率高于90%，生产用苗木自给率基本是100%，不易受国外品种冲击。但在西洋梨育种与生产方面，我国处于相对落后局面。产品的进口可能对梨种业产生一定影响。我国已开放梨果品市场，主要进口软肉型西洋梨品种，而我国主要生产和消费的是脆肉型亚洲梨品种，因此目前看风险不是很大。但近年来，新西兰开始向我国出口脆肉型的红皮梨新品种，品质和外观都不错，将来有可能对我国梨果产业造成较大的影响。

（三）品种风险与不足

1. 抗病性差

我国梨树主要病害有梨腐烂病、梨轮纹病和梨炭疽病。主栽品种雪花梨、苍溪梨易感梨腐烂病；白梨、京白梨、鸭梨、酥梨、南果梨等品种梨轮纹病发病较重；南方多雨地区的密植栽培的翠冠易感梨炭疽病，造成提早落叶、开秋花，可能会带来次年的种植损失。

2. 品种结构不合理

我国梨树晚熟品种比例过高，产能过剩，效益低下；缺少外观及内在品质、耐贮性、抗性等综合性状均优或能受国外消费者欢迎的梨品种，出口率较低的问题没有破解。

四、品种主攻（发展）方向

（一）绿　色

绿色发展对品种提出的主要要求是选育抗性强、易栽培的品种类型。未来优质梨品种的主要指标是早、中、晚成熟期配套的优质（含外观品质）、稳产、抗性强（容易栽培）、耐贮运。品种创新主攻方向是劳动力节约型（免套袋、免疏花疏果）、高抗（抗病、抗虫）、肥料利用率高。

（二）特　色

近年来，观光果园发展迅速，对品种的多样性提出了要求，主要表现在品种的花期、花色、果实皮色、果形等提出了显著差异性要求，以期达到新、奇、异的目的。生产品种则追求多元化（红皮、红肉、特早熟等）。要重点补的短板是砧木品种、西洋梨品种及种苗繁育技术。

葡 萄

一、生产基本情况

葡萄是世界上分布范围最广、产业链最长和产品贸易额最大的水果之一，在世界水果生产中占有重要地位。我国葡萄栽培面积约 1 100 万亩，位居世界第二位，产量 1 300 余万吨，位居世界第一位。我国葡萄栽培总面积仅次于柑橘、苹果、梨和桃，居于第五位。我国葡萄生产以鲜食为主，占 80%以上，其余用于酿酒或其他加工。葡萄生产在农业产业结构调整、促进区域经济发展和增加农民收入等方面发挥着重大作用。我国葡萄主产区集中于若干优势产区。新疆葡萄种植面积占全国的近 20%。鲜食葡萄主要集中在新疆、湖南、辽宁、陕西、广西、云南、山东 7 个省区，占全国鲜食葡萄总面积的 70%左右。酿酒葡萄主要集中在河北、甘肃、宁夏、山东、新疆地区，占全国酿酒葡萄栽培面积的 60%以上。制干葡萄集中在新疆，占全国葡萄栽培面积的 5%左右。

二、种苗市场规模

我国葡萄苗木产地主要集中在山东（40%）、河北（30%）、辽宁、浙江。近 5 年来，全国葡萄栽培面积增长近 370 万亩，平均年增长近 75 万亩，以每亩 200 株的用苗量计算，每年苗木需求量为 0.7 亿~1.5 亿株，产值约 1 亿~2 亿元。经营葡萄苗木的生产企业和农户有 2 000~3 000 家，其中育苗规模在百万株以上的葡萄育苗企业有 60 多家。每年有 80%左右的育苗户盈利，有约 20%的育苗户利润不高甚至亏损。

三、品种推广应用

（一）主导品种

目前，推广鲜食葡萄品种主要包括巨峰（占鲜食面积40%）、红地球（占鲜食面积20%）、阳光玫瑰、夏黑、早夏无核（夏黑芽变）、巨玫瑰、碧香无核、金手指等。酿酒品种比较稳定，以赤霞珠（占酿酒面积60%）、品丽珠、蛇龙珠、梅鹿辄、霞多丽、雷司令等占推广面积的绝大多数，其他品种有少量推广。砧木品种以常见的SO4、5BB、贝达嫁接苗为主，国内选育的多抗砧木新品种抗砧3号和抗砧5号有少量推广。制干品种主要集中在新疆，基本上以无核白为主，其他有少量的新疆当地农家品种推广。

（二）国外品种

当前主要推广的鲜食葡萄品种巨峰、红地球、夏黑、阳光玫瑰均为国外选育，市场占有率80%以上，尤其是近年来，阳光玫瑰发展势头猛，国外品种市场份额进一步扩大。酿酒品种基本上以欧洲古老品种为主，如赤霞珠、品丽珠、梅鹿辄、霞多丽等，市场占有率95%以上。

（三）品种风险与不足

1. 病虫害等灾害对品种提出挑战

葡萄在长期无性繁殖过程中，感染并积累了多种病害，其中最为致命的是葡萄病毒病。葡萄感染病毒病后，重者造成树体死亡，轻者降低产量，破坏果实表皮，影响果实外观，降低商品性。病毒病长期以来无有效防治办法，对我国葡萄生产造成严重威胁。

2. 对葡萄抗性砧木的利用重视不够

我国葡萄生产中主要采用自根苗栽培，葡萄根系浅，抗寒抗旱性差，特别易受葡萄根瘤蚜为害。葡萄嫁接栽培具有很多优势，不同的葡萄砧木具有不同的抗性，如抗葡萄根瘤蚜、抗旱性、抗寒性、耐涝性、耐盐碱性、耐酸性土壤及耐瘠性等特点。

四、品种主攻（发展）方向

（一）大粒香味无核

无核葡萄食用方便，一直是鲜食葡萄育种的主要目标之一。选育大粒，或具有玫瑰香味的无核新品种是育种方向。

（二）抗　寒

埋土防寒增加了葡萄种植成本，免埋土或少埋土鲜食或加工葡萄品种的培育在减少用工、降低种植成本方面具有重要意义。

（三）抗　病

在野生葡萄种质资源收集、鉴定、评价基础上，筛选抗性种质，发掘抗性基因资源，用于靶向育种。

（四）酿　酒

结合酿酒葡萄产区气候等特点，尊重葡萄自然属性，培育和筛选适宜该产区的品种、品系，实现酿酒葡萄品种优良化和栽培区域多元化。

（五）抗性砧木

根据我国葡萄产区的生态特点及产业需求，以抗寒、抗旱、耐盐碱、抗葡萄根瘤蚜、抗线虫等为主要育种目标，选育出我国自育的葡萄优良砧木品种。

桃

一、生产基本情况

桃是我国分布最广的落叶果树之一，栽培面积仅次于柑橘、苹果和梨，位居第四，2017 年桃树种植面积 1 200 万亩，位居世界第一，占世界种植面积 51%，产量 1 400 余万吨，桃在我国水果消费中占比较高，比例为 8%，消费量远高于世界平均水平。我国桃出口量只占总产量的 2%，桃以鲜销为主，鲜食品种占 80%~90%，以中晚熟品种居多，加工产品种类少，转化率低。品种类型有蟠桃、毛桃、油桃、普通鲜食桃、鲜食黄肉桃等。桃主要集中在华北、黄河流域、长江流域三大产区，全国桃树种植面积超过 100 万亩的省份有 7 个，分别是山东、河北、安徽、河南、湖北、四川、贵州。

二、种苗市场规模

我国桃树育苗企业约 230 个，年出圃桃苗约 9 000 万株，每株价格一般为 10 元，年销售额 9 亿元。苗木企业中私营企业（包括个体户）占 73.8%，集体企业占 8.7%，股份企业占 6.5%，国有企业（或单位）占 11.0%。育苗量方面，私营企业占 80.3%，集体企业占 9.1%，股份企业占 6.4%，国有企业占 4.2%。从苗木的生产地区分布来看，河北、山东、安徽、湖北、河南等省份桃苗生产销售企业较多，生产的数量也较大，这与桃主产省份的分布基本一致。

三、品种推广应用

(一) 主导品种

目前，我国自主选育桃品种占到生产栽培面积80%，特别是新近发展的桃园，自主选育品种达90%以上。目前，我国桃主栽品种约有300个，依成熟期可分为极早熟、早熟、中熟、晚熟、极晚熟五类；依果肉色泽可分为黄肉桃和白肉桃；依用途可分为鲜食、加工、兼用品种、观赏桃等；依果实特征可分为普通桃、油桃、蟠桃三大类型。多年来的品种选育工作，已经形成了瑞光系列、瑞蟠系列、中油系列，以及朝霞、早美、早红露、春蜜、春美、美硕等新品种。生产中白肉普通桃占主导地位，约在75%，鲜食黄肉桃、蟠桃的市场看好。

(二) 品种风险与不足

1. 品种数量虽多，但品质优异的品种少

目前我国桃生产上具有一定面积的主栽品种，大部分含糖量不足，难以满足市场需求。桃品种耐贮运性较弱，长距离运输困难。随着种植区域的不断扩展和消费需求的多样化，特色品种（如低需冷量品种、红肉品种、抗/耐性砧木品种等）的培育明显不足。

2. 缺少适合不同区域的专用砧木品种

我国桃产业分布范围广泛，不同生态区域的立地和气候条件差异巨大，对抗重茬、抗寒、抗旱、耐涝耐盐等抗逆性砧木的需求呈现多样化趋势。但目前生产上仍以毛桃、山桃等野生种子实生苗为砧木，缺乏与产区匹配的专用砧木品种。

3. 病虫害影响较大

缩叶病、褐腐病、炭疽病、疮痂病、细菌穿孔病等病害在多地发生，且情况较为严重，造成部分桃园减产甚至绝收。在虫害方面，橘小实蝇是最大的威胁。

四、品种主攻（发展）方向

（一）桃品种

在功能性品种选育方面，富含花青素的红肉桃品种和富含类胡萝卜素的黄肉桃品种应是未来培育品种的目标之一；在安全方面，提倡培育对生产者、消费者和环境安全的品种，因此抗性品种培育成为未来的重要育种目标；在果实品质方面，应注重对高糖且耐贮运性品种的培育。此外，有关桃树树形的研究、高光效种质的利用应成为育种的重要研究内容。

（二）砧木品种

研发无性系砧木繁育技术体系和种苗标准化生产技术，从区域化砧木布局的角度，提升桃种苗繁育的质量和效率。

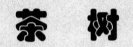

茶 树

一、生产基本情况

我国是茶树原产地，也是最早发现和利用茶树的国家。当前茶叶已经发展成为全球最重要的天然无酒精饮料，全球有50多个国家和地区种茶，主产国有中国、印度、肯尼亚、斯里兰卡、越南、印度尼西亚等国家。我国茶园面积现达4 500万亩，产量270万吨左右，均为世界第一，茶叶总产值超过2 000亿元，已成为产业扶贫、区域经济发展、乡村振兴的主导产业之一。我国茶区辽阔，基本上可以划分为四大茶叶产区，即华南茶区、西南茶区、江南茶区和江北茶区，其中，茶园面积最大的五个省份依次是贵州、云南、湖北、四川和福建，占全国种植面积近60%。

二、种苗市场规模

茶树是多年生常绿阔叶植物，良种扩繁一般采用无性繁殖方式，种苗不适宜大规模远距离运输。目前我国种植的茶树树龄50年以上的占8%以上，树龄40年以上的占22%以上，且以有性系茶树品种为主。2000年以后开始推行无性系茶树品种，目前我国茶树无性系良种率仅有60%左右，且各地区分布不均衡，如安徽省的良种率还不到20%。近5年我国新增茶园面积在120万亩（2019年）到205万亩（2018年）之间，每年种苗需求在35亿~60亿株，年销售额7亿~12亿元。由于目前我国茶叶市场已趋于饱和，今后几年新建茶园可能会减少，种苗的需求量也将下降。迄今茶树种苗领域也还没有规模化的龙头企业，茶树种苗繁育与销售主要依靠个体户和部分农民专业合作社，标准化、规模化、产业化程度不高，经济效益不稳。

三、品种推广应用

（一）当前种植较多的品种

目前主要种植的品种有福鼎大白茶、龙井 43、白叶 1 号、巴渝特早、中茶 108、福云 6 号、嘉茗一号、名山 131、槠叶齐、迎霜、浙农 117、金观音、福安大白茶、福鼎大毫茶、中茶 302（四川）、铁观音（福建）、云抗 10 号（云南）、黔湄 601（贵州）、鄂茶 1 号（湖北）、舒茶早（安徽）、凌云白毫（广西）等。其中，福鼎大白茶种植面积最大超过 350 万亩，主要产茶区都有种植；龙井 43 面积超过 300 万亩；白叶一号面积超过 200 万亩，在全国主要绿茶产区均有种植。

（二）品种风险与不足

1. 感官品质多样化茶树品种缺乏

随着生活水平和健康意识的提高，市场对茶叶产品的要求越来越高，逐渐转向专业化、多样化需求，而目前多数茶树品种虽然具有某一些突出的特点，但符合多元化市场需求的特色茶树仍然相对缺乏。

2. 适于机械化采摘的茶树品种少

目前农村劳动力越来越缺乏，劳动力成本不断提高，部分地区茶叶采摘困难，而适于机械化采摘的茶树品种少。

3. 抗性较强的品种少

茶产业发展正处于转型升级的关键时期，消费者对茶叶质量安全要求日益严格，但由于茶树品种抗性鉴定还存在一定技术难度，因此目前推广的抗性品种相对较少。茶树虫害对茶树的正常生长影响较大，降低茶叶的品质，减少茶叶产量。茶树病害会影响茶树的正常生长。

四、品种主攻（发展）方向

（一）优质、风味特色

选育感官品质优异和具有风味特色的茶树新品种，促进茶叶向优质化和产品多样化发展。

（二）抗　逆

随着环保与健康要求的提高，农药、化肥的施用越来越严格，要贯彻绿色优质发展理念，破解茶叶产品质量安全难题，选育抗寒、抗旱、抗病虫、耐贫瘠等具有多种抗性或高抗品种，是育种的主攻方向。

（三）适宜机械化

随着茶产业和茶市场的发展与需求，劳动力成本的大幅增加，机采成为趋势，选育适应机械化作业的品种成为亟待解决的问题。

（四）功能型

选育化学成分含量丰富或功能突出的茶树新品种，如抗过敏功能成分甲基化 EGCG 含量高、抗氧化成分 EGCG 和花色素含量高，以及适合咖啡因过敏人群饮用的低咖啡因茶树品种。

热带作物

橡 胶 树

一、生产基本情况

天然橡胶是一种重要的工业原料和战略资源。橡胶树种植业是热带地区许多国家经济的重要组成部分。亚洲是天然橡胶主要产地，产量占全球的90%以上。我国是天然橡胶第一大消费国和进口国，年消费量500余万吨，进口量达到400余万吨。我国橡胶树种植面积1 700万亩左右，开割面积约1 100万亩，主要分布在海南、云南和广东三省。种植面积和开割面积仅次于印尼和泰国，世界排名第三。天然橡胶产量80余万吨，仅次于泰国、印尼、越南，世界排名第四。但由于市场需求量逐年提升，我国天然橡胶自给率从20世纪90年代的50%左右快速下降到目前的20%以下，已低于安全供给线。

二、种苗市场规模

橡胶树市场销售供应以种苗为主。种子的销售仅供应培育砧木所用。种苗的销售主要有裸根苗、袋装苗、袋育苗、籽接苗、小筒苗、大筒苗和组培苗。种苗品种主要以我国自育新品种为主。目前我国橡胶树种业虽初具雏形，但远未形成产业。

由于缺乏统筹和统计手段，全国的橡胶树芽接苗生产能力、实际苗木生产量等无法获得。根据公布的新建胶园面积和更新胶园面积进行推算，我国年生产橡胶树芽接苗约2 000万株，其中袋装苗约1 500万株，裸根苗约500万株，袋装苗按每株8元，裸根苗按每株5元，销售额约

1.45 亿元。我国现有经过认证的 31 个橡胶树良种苗木基地，其中海南有 18 个，云南有 11 个，广东有 2 个。

三、品种推广应用

（一）主导品种

当前种植面积超过 10 万亩的品种有 6 个，分别是 RRIM600、PR107、GT1、热研 73397、云研 77-4、云研 77-2，占植胶总面积比重分别为 22.3%、20.8%、15.6%、14.5%、10.7%、2.5%，占全国植胶面积的 86%。其中，RRIM600 由马来西亚橡胶研究院育成，1955 年引进我国。PR107 和 GT1 由印度尼西亚育成，分别于 1955 年、1960 年引进我国。热研 7-33-97 由中国热带农业科学院橡胶研究所育成。云研 77-4 和云研 77-2 由云南省热带作物科学研究所选育。

（二）国外品种

近年来，国内市场的主导品种以我国选育的热研 7-33-97、云研 77-4 等为主，占更新种质种植面积的 80% 以上。但目前国外引进品种种植比例接近 60%，在品种结构上仍然占据主导地位。其原因，一是橡胶树为长周期作物，育成一个品种 30~40 年，需要较长一段时间才能实现最终的品种更新替代工作。二是橡胶树栽培周期长，国有农场对知之不多的新品种抱有怀疑态度，更倾向采用熟悉的老品种。

（三）品种风险与不足

1. 抗性高产品种偏少

我国自然资源约束明显，抗性品种数量不足、质量不高。从品种的分布来看，海南、云南两省品种的集中度较高、多样性较低。种植过程中病虫害频发，种类和数量不断发生变化，抗病品种选育进度不能满足生产需求。

2. 特性品种选育滞后

当前我国尚没有适合新型割胶模式的优良新品种，未来"谁来割胶"问题突出，并且选育模式、选育路线上也没有针对上述需求进行调整和布局。对于天然橡胶质量与品种间关系的研究还比较缺乏，高性能、高品质干胶和胶乳品种的需求不尽明确，无法满足军事工业、高端制造所需的军工胶、特种胶制备需求。

四、品种创新主攻方向

（一）品种综合性状优良

随着全球气候变化，极端天气现象增多，橡胶树育种需要从过去的生长、产量选择，扩大到抗风、抗寒、抗旱、抗病、耐刺激、胶乳特性等选择，育种目标渐趋多元化。此外，由于国内外大量研究发现砧木对接穗生长、产量和抗逆性具有显著影响，橡胶树育种也将从以往关注地上部分——接穗的遗传改良，到关注砧木的改良。

（二）扩大品种遗传基础

天然橡胶是异花授粉植物，长期种内杂交结果使遗传基础已十分贫乏，进一步大幅度提高橡胶树的产量可能性不大。针对多样化的选育种目标，必须更广泛更系统地收集和引进品种资源，开展主要经济性状的系统调查和评价，拓宽橡胶树的遗传基础。

（三）应用辅助技术

充分利用基因组等研究成果，开发橡胶树辅助育种技术，加快橡胶树选育种进程。通过新技术，如物理化学诱变、花药培养、多倍体育种、生物技术等手段，开发功能性分子标记，挖掘优异基因，开展全基因组关联分析选择，创造出具有抗病、抗风、抗寒、优质、高产、早熟等单项或多项优良性状的橡胶树育种中间材料，与常规育种技术相结合，为橡胶树遗传性状的改良提供新的促进，从而选育成具有突破性的橡胶树新品种。